环境艺术

Environmental Art

奥瑟·瑙卡利恁 著
肖双荣 译
陈望衡 校

图书在版编目(CIP)数据

环境艺术/(芬)奥瑟·瑙卡利恁著;肖双荣译.—武汉:武汉大学出版社,2014.9

(21世纪美学译丛/陈望衡主编)

ISBN 978-7-307-12354-0

Ⅰ.环…　Ⅱ.①瑙…　②肖…　Ⅲ.环境设计—研究　Ⅳ.TU-856

中国版本图书馆CIP数据核字(2013)第312935号

责任编辑:胡国民　　责任校对:鄢春梅　　版式设计:马　佳

出版发行:**武汉大学出版社**　(430072　武昌　珞珈山)

(电子邮件:cbs22@whu.edu.cn　网址:www.wdp.com.cn)

印刷:武汉中远印务有限公司

开本:720×1000　1/16　印张:8.75　字数:124千字　插页:1

版次:2014年9月第1版　2014年9月第1次印刷

ISBN 978-7-307-12354-0　定价:26.00元

总　　序

陈望衡

在人文学科中，美学还算是一门比较年轻的学科，它的诞生一般追溯到18世纪德国启蒙思想家鲍姆嘉通1750年出版的《一切美的科学的基本原理》，而其实，有关审美的研究几乎与文明开始同时。中国的先秦、欧洲古希腊均有大量的关于审美的言论，其中不少言论今天仍活在我们的审美生活中，如孔子说的"知者乐水，仁者乐山"。如果要说审美意识，它的开始还要早。距今8000年前的红山文化出土的玉玦极为精美，据考古专家研究，那是耳环，是装饰品，尽管它也许还具有某种神秘的宗教或礼仪的色彩，但至少潜存着审美的意识。

美是生活的精灵。它是人们创造生活的动力，也是人们创造生活的成果。"美"其实可以作为"文明"的代名词。难道不是这样？人类的一切创造——直接或间接的，物质的或精神的，均不同情况地具有审美的色彩。也许，某些创造物的功利价值随着时间流逝或淡化或消失，然而，它的审美价值总是存在着，而且，某些物品其审美价值还会随着时间的流逝日益凸显，那些在博物馆里收藏的文物不就这样成为无价之宝？

对于当今的世界如何体认，不同的学者有不同的看法。就美学的维度来看，我们发现，虽然美一直是生活的精灵，但是，从来的时代在审美的深度与广度上均无法与现在相比。举凡发型、服饰等生活小事，社会和谐、环境保护、生态平衡等人类大事，均与审美相联系，而且审美在其中所占的比重或起的作用似乎越来越大。美学本属于哲学，形而上的意味较浓。虽然现在它仍然保留着这一品格，但是，它却比过去任何时期更关注生活，这是不争之事实。正如当代著名的美学家阿诺德·柏林特所说："很多学者从纯粹的理论问题转向了对个人和社会生活中的人类实践的研究。他们正在考察与研究美学的观点如何影响环境设计、广告、产品设计、室内装潢、服装时尚、园艺、烹调、流行文化甚至是社会关系的，并且他们试图指导这些概念的实际应用。应用美学的潜在作用可能在于让人们认识到美学对人类活动的社会领域——诸如城市规划和经济发展项目中所产生的影响。"①

我们在编辑这套《21 世纪美学译丛》时，不能不注意到这一情况。也许，我们中的许多人不能成为经济学家或电脑工程师，但我们所有的人均有可能成为美学家——理论的或应用的，专业的或非专业的。生活、一切工作均有美学。我们编这套书的目的，不只是为专业的美学家们提供研究的参考，还为各行各业的人们提供工作和生活的参考。

时代在进步，一切均在更新之中、创造之中。所有的更新和创造均非天外飞来，更非无源之水，它总是不同情况地体现出人类文明发展的脉络，体现出文明的某种积累与传承。我们手中所拥有的一切其实均已成为历史，然而，我们创造未来的资本全在这里。简洁地说，我们是凭着历史在创造着未来，没有历史就没有未来。正是因为这样，我们极为重视人类所创造的一切文明成果，这其中就有人类关于美学的研究成果。

衷心希望我们的这套书在当前的生活中发生重大的作用，期盼读者的回应，期盼生活的回应！

是为序。

2010 年 10 月 22 日于武汉大学珞珈山天籁书屋

---

① ［美］阿诺德·柏林特：《环境美学译丛·环境美学·总序一》，湖南科技出版社 2006 年版，第 1 页。

目　　录

下篇 环　境

马库·哈库里：《旗帜》(1997)

英文版前言

在当代艺术中，环境艺术、装置艺术以及社群艺术等邻近领域是最活跃的，其中潜藏着最让人惊讶的可能性。而且，它们还通过创造新颖的思想和行为方式，影响了传统艺术的创作与接受。无论是其自身的缘故，还是当代艺术中其他分支领域的缘故，理解环境艺术都是令人迷醉的，也是绝对必要的。

我是在非常宽泛的意义下使用“环境艺术”这个术语的，因此，它囊括了所有通过环境来传达思想的艺术形式或者艺术感受。在我看来，这样的艺术不仅包括诸如创造了空间和三维作品的克里斯托、珍妮·克劳德、罗伯特·斯密森、汉斯·哈克、哈·舒尔特、密尔勒·乌克勒斯以及赫尔曼·德·弗里斯等艺术家的作品，也包括诸如仅仅愿意把自然摄影看做环境艺术的菲利普·博尔赛勒等的作品。此外，我不明白，有些文学作品探讨了人类与环境的关系，为什么不把它们归入环境艺术呢？比如瓦尔特·惠特曼或者亨利·梭罗等作家的作品。因此，我打算探讨的不仅仅是严格定义的生态艺术，如果它所指的仅仅是那些处理人类与环境的关系、提高环境可持续价值的空间与三维大地艺术的话。

比起其他许多讨论环境艺术的著作来，本书更加注重口头方面。我的目的是鼓励读者讨论环境艺术，无论书面的还是口语的。当然，在环境艺术的创作或者体验中，词语并不一定会出现；同时，并不是每件事情都需要进行讨论，也许，有些东西还是束之高阁为好。即便这样，还是有大量论题值得加以论述，因为这样才能够促进这个领域的分析和活动。设计环境艺术作品也好，或是有时候获得准予安装作品的许可也好，都需要借助大量口头表达。作品本身可能包含口头方面的内容，批评和评论也以口语为主。艺术世界主要由词语组成，无论对艺术家还是接受者来说，精通词语都是一种至关重要的能力。

本书尤其注重从多个方面对环境艺术进行讨论。马库·哈库里是赫尔辛基艺术与设计大学的环境艺术教授，本书后面的章节经常讨论他的作品，他所作的就职演说可以概括如下：处理环境艺术——批评、教学、创作——必须提供对艺术和环境两个领域都能够进行讨论的工具，并且借助它们拓展二者的体验范围。在最好的情况下，它是一段导向深入洞见也就是灵感体验时刻的话语。

此外，本书希望指出，一般来说，环境艺术或者艺术在很大程度上并非独立于这个世界之外，它倒是这个世界十分活跃的、积极作出回应的一部分。因此，在这里，环境艺术论题往往与被排除在艺术范围之外的环境论题具有密切联系。环境责任与艺术创作、艺术接受的关系，怎样用艺术来丰富环境话语以及理解环境，诸如此类的论题都处于狭义的艺术世界之外。实际上，本书是为那些既对艺术论题感兴趣，也对环境论题感兴趣的读者而写作的。我的目标是确立一套能够有效地将二者结合起来的方法。

本书是按照如下思路来组织结构的，即正文部分提出一些有关艺术、环境以及两者之间相互影响的关键论题。这种思路最普遍的方式是提出疑问，引导读者自己作出回答。我在书中提出了一些建议，不过，找到详尽无遗的答案这事还是留待读者自己去完成。为此，本书提供了重要参考文献以及其他原始资料目录。假如读者希望透彻地理解环境艺术，这些著作就如同环境艺术本身一样有必要，而通过主动参与有关的写作和讨论，读者也能够找到答案。

也许，有的读者不喜欢这部著作，因为它只是提出问题，而避免提供确定的答案。不过，这种彻底的开放性却正是这部著作的特色所在。有些学者既提出了很好的问题，也提供了高质量的答案，比如阿诺德·柏林特(1992，2005)、艾米丽·布拉迪(2003)、艾伦·卡尔松(2000)、杰弗里·卡斯特纳与布莱恩·沃利斯(2005)、尼古拉斯·德·奥利维拉、尼古拉·奥克斯雷与迈克尔·佩特里(2003)、约·瑟帕玛(1993)以及吉尔斯·A. 提伯肯恩(1995)。他们探讨的论题包括：环境是什么，评价环境审美特征的最佳方法是什么，自然环境与艺术环境的区别是什么等。那么，我为什么不能依样画葫芦呢?

就我所知，目前还没有几本著作是这么做的，即有意在广泛范围内对**论题**进行探讨，只指明各种潜在答案的方向，而不表明自己的立场。我发现，这样的著作在教学中非常管用，对促使读者主动地进行独立思考大有裨益。本书对某些论题着墨不多，因为我已经在别的地方进行过详尽的探讨，或者其他学者已经进行过广泛探讨。这一次，我的主要回答或者说解决方法是强调：环境艺术特别地激活了广泛范围内大量令人感兴趣的论题和问题，它们涉及作品、艺术家、观众以及围绕它们的更大物理、社会、观念语境之间的关系。此外，我希望指出，对这些论题进行探索是有益的，而对这些论题的回答则在很大程度上由于作品、艺术家、语境的不同而不同。我发现，意识到这一点并且去分析各种可能的答案是有益的，也是值得的。

本书芬兰语版出版于 2003 年，被广泛应用于教学中。英文版在很大程度上基于原始版，我只作了为数不多的更改，主要涉及的是与文化有关的论题，我替换了一些资料和例证，以便更加适用于非芬兰语读者。此外，我更新并添加了一些信息。我还对有些表述进行了重写，以便观点更加明晰。如果要作更大的调整，比如改变全书的结构，那就得写作一本新书，我觉得没有这个必要。

总的来说，本书深深地植根于芬兰或者北欧文化环境。我希望，这将使得我以一种些许不同的途径深入环境艺术之中。国际上最负盛名的著作和网络文献往往以英美文化为重点，这一点当然可以理解。不过，当我在赫尔辛基艺术与设计大学开办讲座的时候，有时候听众来自十余个国家，包括英语国家，我注意到，具有选择性的重点总是能够受到欢迎。显而易见，我本人最熟悉的还是芬兰环境和芬兰艺术，如果没有个人的见解在内，我简直无法写成一部关于环境艺术的作品。因此，除了保持对芬兰和个人观点的忠诚之外，我别无选择。

如果没有许多友善而精明的人们帮助，本书是不可能问世的。我尤其要感谢赫尔辛基艺术与设计大学的马库·哈库里、安努·阿霍恁、因卡·芬内尔和劳拉·乌伊摩恁。帮助过我的人还有：凯雅·汉努拉、闵娜·希朵拉、安妮·弘卡居里、安蒂·哈玛莱恁、索伊拉·汉尼恁、维尔拉·贾拉娃、蒂摩·尤基瓦拉、皮尔维·卡里、迈克尔·列顿梅尔、劳拉·利尔雅、玛利特·米科恁、艾里·穆霍恁、朋蒂·玛塔恁、乌拉·尼柏格、珍尼·欧雅拉、艾雅·帕基恁、皮尔科·波雅卡里奥、海蒂·普玛莱恁、玛蒂·里瓦拉、艾罗娜·雷讷斯、艾罗·坦斯卡恁、玛丽亚娜·汤普森和蒂娜·蒂尔科恁。

本书英文版能够面世，还是得益于赫尔辛基艺术与设计大学的马库·哈库里、安努·阿霍恁，尤其是因卡·芬内尔的积极参与，以及 OKKA 基金的基摩·哈拉的支持。谨致以最衷心的谢忱！

阿列克斯·萨罗卡内尔负责本书芬兰语版和英文版的绘图设计。对于一本环境艺术著作来说，视觉外观确实如文本内容一样重要。非常感谢你！

本书的英文翻译由劳拉·曼基和艾萨·列蒂恁负责。我自己的英语恐怕还是有点儿粗糙，因此，我深表谢意。

最后一点，也是非常重要的一点，我要感谢我的家人：乔安娜、奥佐和皮里。若没有他们，我一无所有。

奥瑟·瑙卡利恁

导　论

2002年1月11日，我来到赫尔辛基艺术与设计大学的工作场所，参加新教授就职典礼，在连接大学大厅和录美媒体中心的走廊上，我看到了一件新的艺术作品，也就是新来的环境艺术教授马库·哈库里的作品《欢迎》。它是由尖锐铁丝制成的直径30~40厘米的十个球和纸带构成的。

马库·哈库里：《欢迎》(2002)

有的球已经锈迹斑斑，有的却还铮亮如新。有的球上卡着弹壳，有的插着玫瑰花，有的插着羽毛。有一个球上面沾满了血迹，还有一个撒了些灰烬。其余都是普通的尖锐铁丝，不过，铁丝也稍微有些区别。

所有的球都安放在地板上的一条白色纸带上。纸带大约 1 米宽，100 米长，卷折之后大约覆盖 20 米长。它看上去就像是又长、又高、又窄的波浪，而那些球则分别安放在间隔 5 米的波谷，7 个隆起的波峰大约 3 米高。

作品位于 30 米长、4 米宽、4 米高的走廊中央。不过，这里的空间看上去比实际上要长一些、窄一些。经过走廊时，尽管两边都留有大约 1.5 米宽。但是你会感到几乎要碰到波浪纸带和尖锐的铁丝球了，即使没有走进走廊，你也几乎不会错过作品，因为一走进大厅，你就可以清楚地看到它。

走进走廊时，你看到的第一个球插上了玫瑰花，接下来的那个球插上了羽毛，有些波谷安放的球仅仅是用普通的尖锐铁丝缠绕而成的。(从入口处数过去)最后一个波峰拱起来的纸带有些偏了，最后一个球的旁边则落下一些弹壳和灰烬。

到目前为止，你看在眼里，得之于心。可是，接下来你会发现，看到的东西竟然变得不可捉摸了，尽管还是那些尖锐的铁丝，你却无法把握了。在那些尖锐的铁丝缠绕的球里面，你仿佛能窥见一些什么，但又并不总是如此。那些缠绕的铁丝的尖端摆在那儿，但不一定是在球心的部分。在一个球体的中心部分，可以没有这些东西，只有缠绕的铁丝，好像是从一大捆铁丝上切割下来的，长长短短，满是勾刺。

你找不到一个最佳的视角来观看这些球，找不到一个可以进入的点，也找不到一个确定的位置安放这些球。《欢迎》是由大量这样的球体组成的。此外，为了体验它们，你可能需要调动多种感觉器官：视觉，触觉，听一听它们在这个空间里的回响。马库·哈库里的作品《欢迎》是无穷多种可能性相互缠绕的集合。

《欢迎》是环境艺术作品。不过，我们既然已经认定这件作品就是我们正在探讨的**环境**艺术，可以说是**艺术**，那么，接下来的问题是什么？这无数多的一卷卷尖锐铁丝在我们面前敞开了两个方面的问题。

上篇　艺术

一、怎么知道是不是艺术

1. 从定义到鉴定

一直以来，我们以许多不同方式不断地改变、处置并且体验周围环境。城市规划提供了一整套工具，农业、林业、矿业也是如此。有些活动很小，比如一群小孩子在沙坑里玩沙子；有些活动则工程浩大，比如修建一条高速公路。一般来说，艺术是改变环境的一种方式，环境艺术尤其如此。不过，究竟是什么使得《欢迎》成了艺术？

当代西方艺术世界包括诸如绘画、音乐、舞蹈、文学、雕塑、电影、摄影、戏剧、表演、环境艺术等领域以及大量的分支领域。不同的人可能进行不同的分类，你也可以把滑稽表演和建筑之类归入艺术之中。自从 18 世纪以来，我们对艺术范围的理解大同小异。大家认为，只有诸如书籍、画作、剧本、乐曲、雕塑等处于相同的概念之伞下。当然，无论是艺术这个概念的历史，还是其各个分支领域的发展史都很长。可是，在早期，我们并没有归纳出类似上面列出的现象名单。比如，在过去，大家认为，音乐与数学的联系就比它与绘画的联系要紧密得多。

自从 18 世纪以来，艺术形式增加了很多种，不过，这却很少引起如何统计艺术种类的大麻烦。这个名单帮助我们理解如何应用“艺术”这个术语，理解什么才能被称作“艺术”。人们认为，艺术是一个文化体系，它不同于政治和宗教体系，拥有自己罕遭质疑的核心领域和关键性创造物。通过发表在艺术期刊的论文、艺术著作以及艺术院校的教学内容，什么是艺术与什么不是艺术，不断得到重新定义①。

然而，艺术的定义远远不够简明。尽管我们对艺术的核心区域能够达成一致的意见，但艺术的边界区域确实模糊不清。你不可能总是很确信，某件给定的作品或者某一整个领域应不应该被称作艺术。情势总在不断地发生变化，尽管这种变化很缓慢。一个最好的例子是，摄影逐步地偏离艺术核心领域；而我们所说的环境艺术和社群艺术则给分类者带来了许多麻烦，因为这些艺术在不断地偏向环境保护和社会工作。我们可以归纳出艺术核心领域的名单，不过，这无助于我们理解一系列关于艺术的问题。这些核心领域的艺术何以成为艺术？如果它们之间确实具有某种共性的话，它们的共性是什么？为什么不是所有的摄影和舞蹈都能成为艺术？艺术和科学之间的关系究竟是怎样的？

不过，要跟由其引发的不断争议比起来的话，定义什么是艺术与什么不是艺术，就不那么重要了。尽管这个论题本来是理论性的，可是，它往往造成实际的后果。比如，有时候我们需要评价某个人够不够资格加入艺术家协会；他所创作的究竟是艺术，还是别的什么；他是不是创作了足够多的作品。在不同的国家，出售艺术品的征税标准也是不一样的。

不断有人尝试解决这个论题，他们借助定义来解释艺术总是包含哪些东西，又是如何地不同于生活中的其他东西。此外，他们努力列出艺术之所以成为艺术的各种理由，而不仅仅限于列出

① 在历史的过程中，艺术如何获得自己的地位，发展成为文化的一部分，关于这个问题，Paul Oskar Kristeller(1971)和Preben Mortensen(1997)以及其他著作曾经进行过探讨。不过，我们应该清楚，在不同的语境中，“艺术”所指的是不同的东西。有时候，它指的是“艺术”这个术语(名称、名词)本身；有时候，它指的是一种观念或者性质；有时候，它指的是出现在艺术世界的现象，比如艺术作品。术语、观念、性质之间的相互关系是怎样的，它们与现象和定义之间的关系又是怎样的，这是一个复杂的哲学问题，纠缠不清，想在这里解决这个问题是不可能的。不过，有几本高质量的哲学教材提出了关于这个问题的初步意见，包括Nicholas Bunnin & E. P. Tsui-James(1996)、A. C. Grayling(1995 & 1998)的著作。

艺术门类及其例证。主要源自19世纪50年代的传统艺术定义往往要指出艺术的本质，所有艺术作品正是通过这种本质互相联系在一起的。最严谨的艺术哲学著作则努力探索艺术的“充分必要条件”，即一个东西要成为艺术，什么要素是绝对必要的，而什么要素又足以使其成为艺术。对有些人来说，“人造”是一个强制性的必要条件，但不是一个充分自足条件，因为还有许多非艺术的东西也是由人制造的。什么条件是充分的，这些充分条件是独立自主的，还是与其他要素一起成为充分条件，这些都是更加复杂的问题。某个东西是由艺术家创作的，这一事实能够使它成为艺术吗？如果能够，那么，艺术家所创作的任何东西，或者至少是他想要创作成为艺术的东西，都是艺术吗？如果是，那就意味着一个艺术家永远不会失败，即便他没能够创作出高质量的艺术作品。然而，这听起来有那么点儿似是而非。即使艺术家的介入确实足以使其成为艺术，但是，非得有艺术家的介入吗？艺术是否能以别的方式显现出来呢？

普遍公认的艺术定义是不存在的，谁想要找到这样的定义，难免只是徒劳无功。有的人提出，艺术定义至关重要的因素包括某种性质的情感表现、形式的创造物或者象征性的内容。可以说，艺术定义所涉及的主要是艺术家、作品和接受者三个方面及其组成的整体。经常纳入考虑范围的还包括艺术的语境。在最近几个世纪里，人们对艺术进行过无数次定义，所有尝试都无一例外地失败了①。

有的人可能已经发现，说艺术绝对地逃避定义，这是成问题的。毕竟，问题还不至于严重到这个地步。大多数时候，我们把艺术**鉴定**为艺术，但是很难说明为什么可以这样。没有定义，我们也能处理艺术。此外，在不同的情境中，出于不同的目的，我们可能

---

① 有关定义艺术的尝试，可以参看 Noël Carroll(1999)，Stephen Davies(1991 and 2006)，Marcia Muelder Eaton(1988)以及 Robert Stecker(2005)，每本著作都提供了几个艺术定义。Michael Kelly 主编的四卷本 *Encyclopedia of Aesthetics*(1998)讨论了艺术的定义以及艺术哲学和美学领域许多关键性的论题，列出了大量参考文献。下面我将不再赘述，不过，由于该著作深入地阐明了本书中讨论的许多论题，非常值得浏览。

对艺术进行不同的定义。当然，有一点是清楚的，为了系统地探讨艺术，还是有必要提出某种大致的框架，来说明是什么构成了艺术。

就本书的目的来说，一个非常实用的、直截了当的关于艺术的哲理性定义就已经足够了：艺术就是你认为属于艺术的东西。当然，为了理解什么人认为什么东西属于艺术，怎样成为艺术，我们需要进行更加详尽的说明。

2. 引导我们的传统

大多数艺术是不成问题的。这是因为，从许多方面看，当代艺术都类似我们已经了解的应当属于艺术的传统艺术创作物。自然地，这种相似性不仅包括艺术作品或者事件的简单感官性质，同时也包括整个思想和行为、展览和批评实践的方式。就像过去一样，绘画一般由接受过正规绘画训练的人画在某个平整的表面上，绝大多数时候都在美术馆雪白的墙壁上展出，这个空间被精心地与外部世界孤立开来。有关绘画的评论则仍然充斥着各种老套的术语，比如构图、原创性、新颖性，以及色彩的使用、合成等。诸如此类的相似性有助于我们辨认出我们所处时代的艺术作品。当然，这并非意味着 2007 年的绘画同 1907 年甚至 1997 年的绘画完全相同。只不过，它们之间存在着足够的相似度，使得我们可以发现其中的连续性。实际上，要忽略这种连续性也许更加困难。

同样地，要把哈库里的《欢迎》纳入艺术范围并不困难。首先，它看起来和其他许多艺术作品具有足够的相似度。其次，它也经过了艺术家在雕塑形式特征方面的处理，所使用的材料也经过了处理和合成，而与其通常的非艺术用途没有关系。在此，带刺的铁丝并非用于标记领地的边界。同时，《欢迎》是由一位具有正规艺术教育背景的艺术家创作的，他久负盛名，长期从事艺术创作。

此外，《欢迎》位于这样一个地方，人们总是习惯于把这里和艺术联系起来；即使录美媒体中心的走廊经常用于展出艺术之外的东西，有时候甚至什么都没有展出，仅仅是一道走廊罢了，人们也总是联想起艺术。一个展出空间就是这样一个环境，它有一种把出现在这里的东西转换为艺术的强大趋势性力量。无论什么东西，只要被带到这样一个空间，人们就很难不把它同艺术联系起来。在一次展览中，我看到一个房间里摆放着一张厨房里的桌子和四把椅子。在与那里的艺术家和观众们进行谈话时，无论我们怎么尝试，都很难把这些东西排除在艺术之外。设想一下舞蹈表演吧，在舞台上出现的任何随意运动都被认为是舞蹈。在空空如也的画廊里，连空洞本身也成了艺术，正如伊夫·克莱恩的名作《空》（1958）。

伊夫·克莱恩：《空》（1958）

要鉴定一个事物是不是艺术，我们就必须具备一些有关艺术的预备知识，具备把所看到或者体验的东西与从前的经验联系起来的能力。作出这样的辨别只是受到传统的约束，并不要求我们对艺术有大量的了解，也不要求我们对艺术传统具有统一的理解。根据传统来辨别一个事物是不是艺术，往往会导致不同的结论，因为从本质上来看，传统也是具有多面性的。其他人可能也把《欢迎》归入艺术，可是，他有可能基于完全不同于我上文所述的理由。

不过，我们也许可以假设，实际上，由于受到所接触的艺术作品的影响，西方世界所有成年人都对艺术具有**某种**受传统约束的共同理解。这些观念很少通过简明的公式和普遍的定义表达出来；我们更可能根据我们以前所知道的艺术作品来作出判断，而不是根据任何关于"艺术"的普遍性概念。

美国哲学家诺埃尔·卡罗尔曾经指出把艺术作品和过去联系起来的一套可能方式。简单地说，有三种不同的联系方式：有的艺术和过去所创作的艺术非常相似，有的积极地追求在新的方向表现出核心特征，有的对过去的艺术提出激进的质疑甚至革命性的主张。第一类的实例是任何时期的大多数艺术；第二类的实例是帕布罗·毕加索的立体派，这些画在创作的时候，就表现出过去艺术的核心特征；第三类的实例是马塞尔·杜尚的现成物，此类作品在创作的时候，对过去的艺术提出了激进的质疑。在此，从本质上看，哪怕是最激进的变革，也与过去的传统具有某种关系，尽管这些变革试图对传统的核心部分提出质疑。在一个急剧变革的时代，对于有些看起来完全标新立异的东西，到底应不应该归入艺术，大家总会为之争吵不休。在卡罗尔看来，如果这些东西没有任何部分最终基于在历史发展过程中形成的传统，并且采取了一种富有代表性的叙述方式，不能通过艺术界的鉴定的话，就会被逐出艺术之外(卡罗尔，1988、1994)。有时候，由于意见不一致，这些候选对象不巧处于艺术和非艺术之间。对于这样的现象，哲学家特别感兴趣。

不过，艺术的主流是可以毫无困难地归入艺术之中的，与之相比，激进的变革则寥一可数。成千上万1×1.5米的油画是由具有正规艺术教育背景的艺术家创作的，在展览馆和博物馆展出，艺术刊物则加以评论。每天晚上都有无数的音乐会在举行，而演出者都是训练有素的音乐家。就在我们说话的这会儿，大量小说、诗歌正在印刷发行。在艺术的每一个领域都存在着许多相应的核心活动，它们创造出作品、事件和情境，它们都很容易被归入艺术。

某些东西被“看做艺术”，那就意味着有人在“看做”。核心艺术被普通公众、批评家、生产者、展览馆馆长、出版商、学生、研究者和艺术家看做艺术。艺术世界的大部分人都同意，沃尔夫冈·阿玛多伊斯·莫扎特的《魔笛》、托马斯·曼恩的《魔山》、威廉·莎士比亚的《哈姆雷特》、彼得·伊里奇·柴可夫斯基与马利乌斯·佩提帕的《天鹅湖》，这些都是艺术。有的艺术仅仅被某个小圈子里的人看做艺术；有的案例包含争议，其倡议者仅仅是极少数人。最近的例子是，卡尔海因兹·斯托克豪森认为，针对世界贸易中心的9·11恐怖袭击事件是一件艺术作品。在极端的情况下，可能只有某个人把某个东西看做艺术，许多民间艺人或者艺术门外汉可能发现，自己就处于这样不幸的境地。在实际应用中，这个论题则表现为，在某种特定情况下，一个东西能够被看做艺术，取决于有什么样的专家写了多少封推荐信。你无法信任某一个艺术家的判断，总是希望有更多的人把你的作品同艺术传统联系起来，以便证明你的作品确有价值。

除卡罗尔之外，其他许多理论家还提出了类似的艺术观，我们可以称之为“习俗历史决定论”，比如亚瑟·C. 丹托(1981)、乔治·迪基(1974、1984)、杰洛德·列文森(1979)，以及一大批艺术社会学家诸如霍华德·S. 贝克尔(1982)、简妮特·沃尔夫(1984)等人。在特定条件下，某些东西为什么能够被看成艺术，“习俗历史决定论”者甚至不屑于作出普遍、明确的回答。比如，这种观点并不列出艺术的特征，不告诉我们如何严格区分艺术与娱乐，或者艺术与科学。它也不评价，什么样的艺术是好的、饶有趣味的、引人入胜的。许多传统的艺术定义都乐于至少对**某些**艺术进行描述，而这种观点却不强调传统艺术中的任何元素，比如艺术作品的情感表达或者唤起、符号创造、形式特征。这种理论也不要求所有人都同意什么是艺术，什么是艺术的必要元素。这样一来，这种理论就引发了我们大量的争论、反思、论证。不过，这并不见得是一个问题，倒是向我们揭示，我们所面临的是一个鲜活的文化过程。如果说某些传统的定义试图揭示最后的真理，以终结所有讨论为最终目标的话，这种理论则反其道而行之，鼓励我们展开讨论，直面其作为一个现实概念的事实。

3. 艺术连续体中的环境艺术

我的基本出发点是，环境艺术是广阔艺术领域内许多分区中的一个，其边界是模糊的。在就职演讲中，马库·哈库里这样说道：

> 作为一个概念，环境艺术包括艺术所辖的许多不同领域。在这个标题下，出现的是充满了各种审美和社会关切的明显不同的复杂解决方案，从赞美某人的纪念碑到关于当代热点话题的时事评论等。我们看到了燃烧的棚舍、泪水状的喷泉、报废汽车装配成的大型母兽、从天空掉下的钢球以及埋入泥土中的艺术家。环境艺术也可以包括建筑方案、道路设计和相关的景观、公园、花园。一般来说，我们周围作为视觉实体的环境也可以包括进去。尽管如此，人们往往认为，环境艺术主要是指户外雕塑，是一些有价值的三维物体，具有某种永恒性，在环境和历史中必须拥有一席之地。环境艺术也经常作为装饰物安装在建筑上，在这种情况下，其目的是额外增加建筑空间的视觉价值。

就《欢迎》这件作品来说，其身份无疑是艺术。我们也有理由相信，这是一件环境艺术作品，尽管我们也可以把它看做是某种装置。艺术家本人认为它是一件环境艺术作品，这在很大程度上能够引导大多数观众注意作品与其环境的关系。尽管范围比较狭窄，环境艺术还是可以定义为艺术的，它把大部分注意力放在人类、艺术与**自然**环境的关系上。例如，苏厄·斯佩德曾经如此描述这个领域："环境艺术往往……借助自然作为媒介，以便提醒观众更加关注自然的力量、过程和现象，或者展示本地文化对自然变化的

意识。”(斯佩德，2002，11)①

然而，在环境艺术中，艺术这个论题存在更多争议，陈列在展览馆里的一幅画与其环境之间很容易划出明显的边界，而环境艺术作品则不一定能在简单的感觉层面或者通过显而易见的划分区别开来。环境艺术可能远离大部分公众的视线，隐藏在偏僻的荒野。环境艺术的外观甚至非常微妙，一名学生曾经这样设计环境艺术作品，他把一部诗集埋葬在道路之下，就像南希·霍尔特的一些作品一样。这些作品可能是非常短命的，比如安迪·戈尔兹华斯或者乌尔斯-P. 特韦尔曼那些安置在自然环境中的作品。并非所有环境艺术作品都有据可查，我们不像在餐馆的桌子上摆放的菜谱一样，把所有作品都记录在案。为什么需要就环境艺术展开积极的讨论，原因之一就在于此。事实上，有些环境艺术作品很难看到，正是通过

---

① 参看 Ympäristötaiteen säätiö(The Foundation for Environmental Art)的网站 http://www. yts. fi, 2 February, 2007：“关于环境艺术作品并没有现成的模式。环境艺术广泛运用各种方法、形式和材料。一件环境艺术作品所处的特殊场所总是能够以某种方式被证明是合适的。环境艺术在环境中出现，在环境中起作用，与环境互动，有时候也与观众和体验者互动。作品影响环境，改变环境，把一个空间(space)转换为位置(place)。艺术作品与其环境的边界是非常模糊的。环境艺术最典型的特征是变化。这种变化或快或慢，或者是受控的，或者是随意的，这取决于它所用的材料或者展示的方式。环境艺术作品可能有意创作成临时性的，与作为三维物体的雕塑不同，它也可能是某种行动或者事件。在通常情况下，环境艺术是公共的，对任何人来说都具有物理方面的可进入性。不过，这种公共性也可能是有限的，作品可能位于半公共的内部空间，一个别人不能进入的地方，或者仅仅为创作者而存在。‘环境艺术’是一把概念之伞，罩住了一大批艺术现象。其下位概念或者平行概念可能包括大地艺术、城市艺术、空间艺术、社群艺术、特定地点艺术、公共艺术、道路艺术或者过程艺术。同一件艺术作品可以归入不同的艺术门类，可是，艺术门类却很少跟某件单独的作品高度相关。根据日常语言和术语的理解，环境艺术倾向于指处于建成的和非建成的环境或者公共空间里的所有艺术作品。不过，这个定义仅仅关注场所(location)，而景观、环境设计以及体量巨大的建筑作品反而不属于环境艺术之列，环境艺术最多不过是它们的一部分而已。”读者还可以参看 Greenmuseum 网站所载的观点，见 http://greenmuseum. org/ what_is_ea. php(August 25, 2006)。

人们的谈论，我们才得以把环境艺术理解为艺术。

居斯・迪艾恁：《燃烧的棚舍》

当然，不管是看到别人没有看到的艺术，还是没有看到别人确实看到了的艺术，都没有什么妨害。最关键的是，我们必须注意，自己所看到的是哪种艺术，何以成为艺术，其中究竟发生了什么。作品让人振奋，眼前一亮，并非源于让作品成其为艺术的那些东西，而恰恰源于观众与作品的遭遇中所发生的一切。我们发现，有些艺术引人入胜，有些则不尽然。我们只知道，与艺术作品遭遇之际，自己在想什么；毕竟，一件东西是不是艺术，尤其是环境艺术算不算艺术，这个问题往往不过是次要的，甚至是细枝末节的了。

然而，如果我们在周围环境中看到了我们归入艺术的某些东西，由于这样那样的原因，它通过言谈、文本或者非语言的其他方式引起一些问题，那么，这些问题至少会在某种程度上与政治演说、金融投资、化学分析等问题之间存在差异。我们以一种特别的方式谈论艺术。而在谈论**环境**艺术时，我们更需要一种经过特别推敲的说话与思考方式。这是因为，当某种文化习俗形成的时候，总是有其特殊的套话和习惯伴生。它有自身的传统、自身的问题以及潜在的答案。它有自己关注的焦点。通过这样一面镜子，我们能够透视某类事物，这有助于我们看到这些事物的价值和重要性。艺术教育或者一般地处理艺术问题，在很大程度上就是学会这样一种观念。

乌尔斯-P. 特维尔曼：《高贵的冷杉水晶》(2000)

在后面的篇幅中，我将对环境艺术讨论中一些常见的观点进行探讨，尽管这些观点绝不是唯一可能的观点。比如，我不会采取女权主义者的方法，尽管这种方法在最近几十年里往往非常有用，在安娜·蒙蝶塔和密尔勒·乌克勒斯那样的艺术家那里得到了很好的论证①。我所选择的主要观点仅仅足以在感觉上定义环境艺术，它们并不总是不变地、单独地呈现在环境艺术中，但至少，它们并不罕见。这样，我们才可能触及一系列与环境艺术相关的论题。

---

① Patricia Phillips (1995)、Tom Finkelpearl (2001, 294-323) 以及 John Beardsley(2006, 163-164)等人就适度采用过这种方法。

二、艺术的话题

1.《欢迎》：第二次遭遇

马库·哈库里：《欢迎》(2002)

就《欢迎》被看做一件环境艺术作品，我们能说点儿什么呢？从前面中断的地方接着开始，让我们来描述一下，除了那些显而易见的东西，我们一般能就这件作品说点儿什么。

看起来，带刺铁丝球的作用之一似乎是将不太稳定的轻薄纸带维持在那里，使其稳定下来。现在，我们似乎面临一段叙述，这是一种典型的艺术话语①。不过，这里所发生的故事究竟是怎么回事？各个不同的要素在其中又扮演着什么样的角色？

纸带是一个连续体，代表叙述的稳定性。我们很容易从中看到一个完整的生命过程，或者一个短暂的阶段，象征着一个人、一种文化或者其他什么事物的开始、过程、结束。这使得那些铁丝球在叙述的波浪中变成非常重要的瞬间，变成一个个特别沉重的点。如果没有那些铁丝球将纸带稳定下来，它就会在空间里漫无方向地飘浮起来，叙述就会缺乏结构。

纸带里存在着不太多的稳定间隔，分别处于波浪的顶部、底部和尽头。直观地看，最引人注意的是底部。在这个结构中，波浪的各个隆起部分都属于例外，它们处于远离中心的某个地方。如果我们接受这样的看法，美好等于高——天堂、飞行、无拘无束、自由②，而糟糕等于低——地狱、爬行、拘禁，那么，这件艺术作品似乎就在向我们暗示：美好的体验竟然总是隐藏在我们个人生活的隐秘之中，而那些满是辛酸的糟糕体验则直面而来，让人无法逃离。

当然，美好即上、糟糕即下的二分法把问题过于简单化了。在一卷卷坚硬、沉重、尖锐的铁丝中还包裹着一些模棱两可的元素：玫瑰花和轻飘飘的羽毛。尖锐性不仅仅把东西撕裂开来，它也使某些东西变得富有吸引力。那些可能伤害我们的东西也包含一些诱惑我们的东西，促使我们哪怕冒着被伤害的危险，也要前去探索一番。那些东西吸引着我们，让我们情不自禁，就像一个睡美人横陈于面前，可是，她却留着细长而尖利的指甲。在此，我们渴望获得双重的体验，既感到恐惧，也感到钦羡和忧伤。

① 最近几十年来，文学、哲学、教育学、社会学研究等都在大量探讨这些论题，比如一个故事或者一段叙述是什么？它们是如何构造起来的？在我们努力理解周围世界时，它们又扮演着什么样的角色？这方面的研究实例包括 Seymour Chatman(1978)、Arthur C. Danto(1982)和 Peter McLaren(1993)。参看 Matti Hyvärinen 的 *Towards a Conceptual History of Narrative*，见 http://www.helsinki.fi/collegium/e-series/volumes/volume_11001_04_hyvarinen.Pdf (February 27,2006)。

② Markku Hakuri 经常用鸟的形象来象征自由的梦想。(Hakuri, 1993)

显然，在《欢迎》这件作品中，上和下具有不同性质。上升总是在非常明显的转折处结束，但是在下降一段以后，斜面变得平缓，总是逐步地朝向地面。下落是一个迅速的过程，但是，纸带的斜面缓慢变化，逐渐伸入铁丝球之下，一点儿也看不出暴力的痕迹。毕竟，纸带并不是受到带刺铁丝球的重压而垂下去的，铁丝球只是压在已经垂到地面的纸带上而已，就像轮船的锚一样。

在通常情况下，带刺的铁丝用于隔离；用于把牲口圈在自己的领地，阻止它们到处乱跑，也保护它们免受野兽的攻击；用于标记一处地产不同区域的边界：这里地形开始改变，这里是田野的开始，这里是森林的边缘，这里是我土地的边界。我了解到，《欢迎》所用的铁丝有一部分是在2001—2002冬天寒风凛冽的时节从乡野收集来的。在乡村，它们已经不再有用。这一卷卷带刺铁丝包含对一种生活方式的记忆，这种生活方式不再存在，至少是在某种程度上。我们从过去所了解的乡村生活正在消失。我们不再需要用带刺铁丝把牲口圈起来。动物已经不见了。现在，我们借助欧盟规章、全球定位系统和金钱来维持秩序，让事物各安其位。它们都带着刺儿，你却看不到，呵呵。

带刺的铁丝也与荆棘相像，是耻辱和受难的象征，正如耶稣基督所遭受的那样。这样看来，《欢迎》和马库·哈库里另外一件作品《自由之梦》非常相近。在那件作品中，荆棘的形状不仅是一个微妙的暗示，因为它的形式唤起了我们对那个看过无数次的形象的记忆。你可以想象，它隐含无数多种受难的理由，但是，你很难认出，谁在受难？为什么受难？为了救赎什么？难道那仅仅是一个梦，一个愿望？

叙述的基础是由崭新的白色纸带构成的。为什么纸带上没有充满图案或者绘画？毕竟它所表示的是一个艺术家的一生（或许我们可以这样假定）。也许，这种提问纯属多余，因为，不论你是不是一位艺术家，你都只能时不时地做成一点什么事，不可能一生的时间内都在创造。也许，这件作品要表达的正是这样一个自由之梦，一种解放。

纸也是木材，尽管这时候木材所呈现的是不同于撒在一个铁丝

马库·哈库里：《自由之梦》(2001)

球上的那些灰烬与木炭的形式。在铁的面前，木材不得不让步。经过代表着文化与技术的铁的洗礼，自然变得贫瘠了，死亡了。无论铁所采取的是什么形式，铁丝、铁环、斧头片子，还是造纸机的零部件，铁总能克木。铁确实生锈，不过，它不是像一个活着的东西在死去，而木材则被“精制”成为纸。

或许，这是另一种形式的轮回？木材作为纸继续生存，然后经过分解，最终变为新的木材，而尖锐的铁丝则仅仅是堆积在一起，显得那么多余，锈蚀成为铁屑。它已经履行职责——保卫木材的生长。只有树木才会一次又一次地生长，这就是克服荆棘加于其上的耻辱之后的解放吗？

在《欢迎》这件作品中，有生命的材料并非只有木材，另外还有一些材料曾经更加鲜活。鲜花也代表了生命的世界，而现在正在枯萎。羽毛曾经属于鸟儿，翱翔于天空。血迹来自生命体。所有这些材料都表示某种含义，是一些戏剧性的符号，可以说是老套的陈词滥调。为什么要选择这些材料，要从所有材料中选择这些最破旧的玩意儿？一种回答是，它们能够突出永恒性，能够强调某些琐碎事物的意义。不断的新生、永远的前卫，也许是不必要的，也是不可能的。有些东西看起来微不足道，却沉重得足以把别的大东西拽在地上。其余的都不过是想象，是人类精神无休无止的胡言乱语。

在就职演说中，哈库里说道：

> 艺术是感知世界的一种方式。
>
> 从根本上说，艺术总是在阐述过去的东西，阐述每一个观察者的个人历史，尤其是其孩童时期的体验。当前不过是过去的一面镜子，反过来也是如此，如果需要的话。关于环境的思想和观念都与孩童时代的体验和环境有关。
>
> ……
>
> 我最早的记忆是一幅空间景象，我在冰冻的海面上滑行，一片巨大的黑色空间笼盖在头上，那是一个巨大到不可思议的宇宙。那就是所有一切得以发生的巨大环境，一个无边无际的黑茫茫的空间，在那里，时间和刻度都失去其逻辑意义。空间就是这样一个地方，在那里，一切皆有可能，从现在到永远。
>
> ……
>
> 我们继承了自己的民族身份和印象，这都是历史所给予的，人类经过数千年的占有与居住，从狩猎采集型文化发展到农耕文化，再进入到今天的社会。
>
> 在芬兰，居住的历史是我们有关环境体验的基础，而过去的大部分历史已经成为传说。尽管如此，我们关于环境的基本体验仍然建立在历史经验的框架之上：人类是自然的一部分。芬兰人关于自然的体验总是跟湖泊和森林联系在一起。在此体验之下隐藏着一种与自然交流的情感，在孤独的时候得以完成。我们的环境就是一个避难所，我们在此安身立命。通过小心地呵护、伺候环境，我们的祖先才从大自然中获得容身之地。“荒野”这个词语能够很贴切地描述我们的文化对空间的历史经验：那是一大片地方，用来进行自由活动，维持生命。

哈库里的世界观具有永恒性，在此，自然出场了，连从最极度、最崇高的意义上来说的宇宙都出场了；他的个人生命也具有相似的永恒性，甚至从孩童时期起就是这样了。我们不能太伤害这个空间，尽管我们能够轻而易举地毁灭地球上的自然。

顺着这样的思路，我们可以把《欢迎》想象为银河系这张巨大唱盘的一道刻环，或者一片扇区。这张唱盘上有波浪和弯曲，反过来，银河系也与之相似，它有轨道、行星、恒星和黑洞。同时，银河系也不过是一个巨大球体也就是整个宇宙的一个横截面而已。同样，我们也很难认出或者思考，哪里是宇宙的中心。因此，《欢迎》只是一个尝试，它触及了你能够提及的某些东西，对于这些东西，你无法控制，甚至不可思议。

《欢迎》是一件烦扰人的艺术作品。它拒绝安静地蹲坐在那个角落，等待某个人自发地走上前去。不，它挡住去路，横在你面前。从技术角度来说，它非常简单，你可以看到，它是手工制作的。它没有经过精心打磨和抛光，尽显真身，充满了尖刺。把这些东西以一种强调的方式带到作为新技术老巢之一的艺术与设计大学，实际上是对一种世界观进行评论：并不是所有东西都应该数字化，都能够真正地数字化，转换成为比特流的，因为我们是动物，有血有肉，有感觉和情感。手、脚和身体其他部位，已经成为或者即将成为我们感知这个世界的主要界面。真实世界的带刺铁丝会刺痛我们，如果我们触摸它的话。这是另一种连续体。

不过，你能够习惯几乎所有的事物，哪怕是被烦扰，你最终也会习以为常。因此，在展出了一段时间以后，继续把作品保留在那里就不再具有意义，无论保留的理由能够如何自圆其说。展出了两个星期后，《欢迎》就拆除了。要把它重新装配起来也非常容易，不过，那已经不可能了。如果你把同样的材料带到另一个空间，它就不再是同一件艺术作品了。

故事在哪里结束？在大多数时间里，纸带上下起伏，不过，当你到达另一端的时候，隆起的波峰却倾斜了，紧随最后一个波浪的，是一个撒满了弹壳的铁丝球。子弹曾经从那些弹壳里迸出，那意味着危机，也许是暴力的死亡。然而，故事真的结束了吗？纸带的末端是卷成一轴的。并非所有的可能性都已经显现于我们眼前，留给我们思考的是，卷着的纸轴又将如何展开？还是直线展开吗？朝向哪个方向？纸带上还会安放其他东西吗？纸带还会隆起吗？危机意味着终结，也意味着开端：另一个人，也许是另一个国家，或者另一个故事。如果整个宇宙都消亡了，那将是一个远在我们人类所及的范围之外的论题，或许空间还能够重新浮现。也许，艺术作品是从撒满弹壳的铁丝球那里开始的，甚至是在完全被拆除之后才开始的，它仅仅存在于记忆和照片里。

我们应该思考的另一个问题是，作品为什么命名为《欢迎》？在哪里欢迎？欢迎来到赫尔辛基艺术与设计大学，还是欢迎来到生命世界，宇宙空间？谁在欢迎？欢迎谁？我们也应该尝试搞清楚，艺术家和作品通过《欢迎》让人产生的联想究竟有多少种可能，有哪些可能。在其外观、技巧、主题方面，它阐述了什么？延伸了什么？象征着什么？

关于《欢迎》，你可以说上这么一大通，甚至说得更多，正因为这样，它才显得如此特殊。艺术作品本身并没有言说，它也没有写下什么。除了标题之外，它不包含任何词语，可是，这并非意味着观念或者思想的空白。因为它自身并不言说，它邀请你去把观念和思想转换成为言语的形式。问题、猜想和答案，构成一个新的故事。换句话说，《欢迎》激发你的灵感，让你去谈论、讨论，去交流、思考。在艺术哲学中，我们把所有这些称为阐释①。

哈库里的《欢迎》引出了一些关于艺术的普遍性论题，在谈到其他艺术作品时，我们也会涉及这些论题。几乎只要谈到艺术，这些论题总是会冒出来，不过，每一次都会有不同的回答。

---

① 与阐释有关的论题是艺术哲学的核心问题，有关讨论多如牛毛。人们经常探讨的论题包括阐释（interpretation）、描述（description）、评价（evaluation）之间的差异，是否所有感觉都有必要进行阐释，什么样的阐释是合理的，为什么合理。参看 Göran Hermerén（1984）、Annette Barns（1998）或者 Arto Haapala & Ossi Naukkarinen（1999）。

2. 艺术的开放性

我们可以把艺术和科学做一个简短的比较，以便发现艺术的普遍性，也试着去发现艺术中那些不普遍的东西。在艺术中，我们的目标往往不是科学而精确地论证并解决问题，比如充分地讨论，系统而稳妥地得出结论，精心选择合适的方法。《欢迎》也不例外。在艺术中，我们一般不去确定一个严格定义的问题，探讨有关的途径和手段，在经过细致的论证以后，提出最终的解决方案或者一套可供选择的方案。艺术没有必要精确定义一个概念，或者详细界定某种观点的语境。艺术与科学的共同点在于，它们都鼓励我们在智力方面出于好奇而提出问题，并且寻求新的东西。不过，艺术不一定要求所有问题都最终得到确定、普遍、能够被论证的答案。我们可以把艺术看做探索的一种形式，不过，在这种探索中，艺术关注的是确定一些让人兴趣盎然的问题和吸引大家注意力的东西，而不是寻找问题的答案。

事情确实如此吗？

艺术和科学之间这样普遍而简要的差别会导致对这二者理解的简单化和标本化，我们不难发现，有很多人提出了针对上述观点的相反意见①。然而，标本化往往可以用来筛选出某些本质性的东西，即使是关于艺术和科学之间过度简单化的比较也能给我们提供一个有用的观点，那就是，艺术往往有意保持事物的开放性，甚至呼唤我们进行多种不同的阐释。这也部分地适用于科学，只不过，在艺术中，这种开放性更加显著。如果我们以**科学**的方式来讨论艺术和科学的差别，所采取的方式将和上述简短比较大异其趣，在这

① 关于艺术和科学的关系，尤其是从研究者和论文作者的视角来看，英国和芬兰的一些高级艺术研究机构进行了广泛的讨论。参看 *Journal of Visual Art Practice*、*Art, Design & Communication in Higher Education* 或者 Maarit Mäkelä & Sara Routarinne（2007）。还可以参看 Marga Bijvoet（1997）、Caroline A. Jones & Peter Gallison（1998）。

样简短的比较中，几乎所有东西都是开放性的。不过，人们完全可以接受这样的观点，在艺术中，标本化、粗线条、不精确的结论都是适用的。

艺术往往只是诉诸暗示的方式，要求观众开动脑筋，主动穿透作品的物质材料，就像以上关于艺术和科学的简要比较所揭示的那样，这一事实并非意味着科学的结论就不要求读者个人的处理。一件艺术作品可能提出一个主题，也可能提出处理这个主题的一套工具，有时候，这些工具甚至互相矛盾。艺术欣赏者必须自己作出结论，如果他们想要一个结论的话；在科学中，这不太常见。有时候，连艺术主题也需要进行处理才能得出，你并非总是很肯定，艺术作品究竟想要表达什么，其主题很难进行界定。

有时候，艺术的开放性特点被看成艺术的符号本质。当然，符号的使用不仅仅限于艺术，它包括所有包含意义的行为，正如符号学家们所揭示的那样。符号可以表示一些几乎不需要解释的信号（比如交通信号），不过，在艺术话语中，符号往往用来表示开放性、隐喻性、间接生发的意义，它不采取日常语言的规范用法，而采用比喻方法，用迂回曲折的方式来表现事物。我们可以推测为什么要使用符号来表现，潜在的原因可能是符号能够提供一套特殊方法，让我们去讨论那些不能直接讨论的东西。在艺术中，即使是最晦涩的符号，也很快成了老套的表现手法。在文学研究中，“隐喻性”有时候用来表示模糊性，要求读者主动进行阐释①。

正如我们已经看到的，《欢迎》这件作品也没有严格限定的主题。不用说别出心裁的材料组合，就是作品所使用的每一种材料本身都给我们提供了多种理解的可能性，其间充满了互相矛盾的叙述，主宰与受控、希望与无助在各种层次上展开。与此相似，汉努·赛琳于1998年创作的一件作品《影子》也潜存着多种可能的解释。这件作品位于赫尔辛基工艺学校艺术系的庭院里。你可以把它

① 艺术以及艺术之外的符号与隐喻是一个非常活跃的分支研究领域，George Lakoff and Mark Johnson（1980）、Claes Enzenberg（1998）对此有深入阐述。

看做横亘在整个院子里的一个具有胁迫性的大家伙，把它与收容所里严明的纪律与秩序联系起来。你也可以把它看做对栅格图形进行的玩笑式嘲讽。在现代艺术中，这些栅格图形泛滥成灾，并且被夸张地阐释。（参看 Krauss，1998）只不过，比起赛琳的雕塑来，其体量要小得多。另外，你也不妨把它看做艺术摆脱了其作为建筑装饰物这一从属性角色的明证。

汉努·赛琳：《影子》(1998)

在就职演讲中，哈库里指出，环境艺术的职责之一就是创造出模糊性：

> 环境艺术挑战了人们把生活看成一种复杂结构的观念。在那种结构里，所有选择都有其审美与伦理的方面。我们很难发现就这些价值选项作出抉择的模式。不过，我们仍然负有这样的使命，即努力去寻找某种叙述与答案，以便有助于我们感受这个世界。环境艺术处于公共场所，它不断提醒我们，对于世界，我们可以有许多种不同的思考方式。

模糊性或者开放性把我们带往这样的思路，即艺术包含了一些逃离语言定义的东西，包含了一些“只可意会、不可言传”的东西。然而，正如我们过去所认为的那样，模糊性似乎仍然处于可理解的范围内，作品的意义是可以解释的，尽管它很可能与几种意义有关，甚至是与互相矛盾的一些意义有关。不过，一些辩论者希望强调一点，即艺术远远不止这样，它额外提供一些不能控制或者理性地进行分析的东西。如果这种观点的目的在于强调艺术最重要的维度只能借助情绪或者某种神秘的直觉通达，那我们既无法证实，也无法证伪。无论你赞不赞成，它都是所谓浪漫主义艺术观的一个关键要素①。

不过，如果再仔细想想，我们就会发现，非语言或者只可意会的知识的性质不一定与它有什么关系。倒不如说，我们能够借助能力的观念来理解。无论是艺术的创作还是接受，都涉及一些不能被翻译或者确实不需要完全被翻译成为口头语言形式的能力。比如，对色彩的使用和感知涉及色彩深浅的一些细微差异，不过，我们能够感知与再认的大多数色差都没有特别的名称。具有正常视力的人能够识别上千种色差，不过，语言只命名其中一部分。对色彩的驾驭是一种能力或者只可意会的知识，并不需要用无法说明的直觉来解释。显然，所有人类行为，包括《欢迎》的创作和接受，都包含一些非语言要素，即一些不能用语言指出的东西，其中有些没有必要指出，有些几乎无法指出。因此，如果要讨论非语言感觉的开放性，我们必须小心谨慎，搞清楚我们所指的究竟是哪种非语言哲学思想。本书的目标是有意地固守语言表现。除了阅读和写作这种使用词语的方式之外，还有更好的方式去通达非语言的东西，它可能是暧昧不清的，也可能并非如此②。触觉就是其中一种。

讨论艺术作品的开放性，似乎往往是指艺术逃离定义的积极一面。

---

① 关于浪漫主义思想与艺术观及其与其他学派的关系，可以参看 Andrew Bowie(1993)与 Jos de Mul(1999)。

② 关于(艺术中的)非语言主义、非概念主义、能力、只可意会的知识等，学术界进行过广泛的探讨。参看 Ossi Naukkarinen(1998)、Michel Polanyi(1969)、Diana Raffman(1993)与 Simo Säätelä(1998)。

追问作品的意义令人鼓舞、富有趣味，也是值得的。不过，它也有另一面，即消极、让人压抑的一面。有些作品似乎拒绝提供任何回答或者解决方案，无论我们多么努力地探索，最终也是徒劳。作品留给我们的只有一些含糊不清的不满情绪，唠唠叨叨，絮絮不止。

在艺术哲学中，有一种引起压抑感的艺术形式是“崇高”。崇高的艺术涉及一种不能通过感官感知对象或者不能通过理性理解对象的当下经验。它也可能涉及恐惧或者痛苦的成分。在关于崇高的古典理论中，崇高的体验被看成克服了某种现象的巨大而逼迫的力量之后的结果。例如伊曼纽尔·康德的哲学，它更多地涉及自然，而不是艺术。不过，在古典理论中，崇高体验的消极一面仅仅是一个短暂的阶段，它可以通过意识到我们能够控制世界与自己而被克服。因此，崇高的体验最终还是积极的，消极的体验被转换以后，就变成积极的了。它是这样一种体验，即我们如何能够凭借自己的智力将大多数具有威胁性而无法说明的现象观念化，进而加以控制。

关于崇高有许多种意见，康德的看法与其复杂的理论体系有关，他认为人与世界存在的关系建立在人具有以一定方式反思与感觉的能力基础上①。大多数崇高理论的共同点是，它们都建立在两种不同理解方式之间存在冲突的基础上。我们面临一些不能直接或者按照老一套思路去理解的东西，这些东西与我们存疑的现象(例如空间、巨大、可怖等)有关；与现象被再现的不完善性有关(《欢迎》就缺乏讨论空间的性质)；或者与我们自己的感知能力(通常的感官感知不能理解空间)有关。不管崇高的源头如何，其结果是，我们感到一种自己无法直接说明的茫然与不快。

现在，我们至少有两个选择。要么，这种茫然感在更高层次或者通过下一阶段的活动而得到解决，相对于积极方面来说，消极的茫然感变成次要的了；要么，这种茫然感继续保持着。严格来说，后者不再是崇高的体验，不过，它仍然与这一事实有关，即正如其他任何事物一样，艺术作品包括一些我们觉得很难指出来的维度，

---

① 在 *Kritik der Urteilskraft*（《判断力批判》）第一部分，Kant 详细地讨论过崇高。还可以参看 Paul Crowther(1989)。

而其让人觉得迷惑不解的出场，我们确实感觉得到。作品鼓动我们去探索它们**可能**指示的道路，去发现那尚未被解密的讨论方式。这里隐藏着关于艺术的言说和写作最令人感兴趣的方面。半心半意、了无趣味的解决办法是欣然评论说，我们所探讨的作品包含了一些开放性的、属于词语或者崇高感之外的东西，而无意尝试把任何东西语言化。实际上，即使我们尽最大努力对作品进行语言描述，仍然会留下大量属于非语言或者崇高感的空间。词语永远不可能完全彻底地穷尽艺术体验，我们也没有必要将其过度地神秘化来强调这一点。

显然，所有由于其开放性而触发消极体验的作品都不应该归入"崇高"范围。另外的情况是，有些作品或者艺术非常简单，纯粹是一些废话或者噪音，如果我们希望借助信息理论术语来描述的话。这些作品包含众多可能的平行甚至重叠的阐释，你甚至无法形成关于它们的系统观点。我一个朋友认为，弗兰克·扎帕的音乐就是最好的例子。与此相反，另外一些作品则对可能的阐释有严格的限制。对我来说，似乎流行歌曲排行榜上前十名的歌曲大多数就属于这一范畴。因此，那些令人兴趣盎然的作品似乎都具有充分的开放性，但却不至于太漫无边际。然而，在这个方面我们至今仍然没有什么进展。有关的争论没完没了，诸如什么时候可以到达平衡处？开放性究竟意味着什么？是不是开放性就是积极而富有吸引力的，或者消极而令人压抑的？为什么？对于这些问题的回答因情况而异。

无论是积极的感觉，还是消极的感觉，其中都存在激发我们好奇心的开放性，它往往与我们认为属于艺术的一些最重要元素有关，比如思想、内容、信息或者意义；这些东西都密切相关，尽管其中存在大量的细微差别。我们希望，艺术告诉我们一些重要的东西，鼓舞我们的精神，或者是唤起我们的情感。它是"思考世界"的一种方式。如果在这方面乏善可陈也没有关系，仅仅技巧的成就就足以让其成为一件艺术作品，我们大多数人都是这么想的(真的，有时候只要在技巧方面成功就足够了)。另一方面，如果作品能够说出一些让人感兴趣的东西，我们就可能忽略它相对粗糙的技巧。然而，那种激起我们反思的开放性只是使得艺术内容变得令人感兴趣的方式之一，而不是唯一。有时候，人们也会争辩说，艺术家已经尽力表现了他的真情实感，这就够了，并不需要什么模糊性。有时候，只要表现了政治、伦理或者生态内涵就够了。然而，我们还是无法否认，在艺术话语中，内容是必要的角色，下面所探讨的论题都与内容的创造有关。

3. 开放性与确切性

开放性是一种使得艺术具有重要意义的方法，因为那些具有开放性的作品会激发多种阐释，它会产生一些适用于各种环境的信息，而其方式则令人兴趣盎然。艺术作品具有开放性，它就能够给不同环境的人们提供一种途径去解读他们认为重要的那些问题。以肖像画为例，由于作品具有开放性，它就能衍生出大量信息，而不仅仅是与它所描绘的人物相关的那些方面。这样的一幅肖像画不只是简单地给某个人的外貌建立一份档案，显然，一份档案不如艺术作品让人感兴趣。

不过，艺术作品还具有另外一面，它把一些普遍性的思想特殊化。毕竟，任何普遍性问题都是通过确定的方法和材料表现出来的。某件具体的艺术作品看起来或者感觉起来——或者任何其他感官体验——必然如它自身所是的那样。它能被如其所是地感知到。

例如，在日常生活中，我们有多种表达饥饿感的办法。“饭做好了吗”，“我饿了”，“你们想吃饭了吗”，这些都是很完善的有效表达方式，清楚地表明说话人想要吃饭了。我们可以用口头和书面方式表达自己的饥饿感。表达饥饿感和得到食物是关键点，其间的细微差别多少有点无关紧要。在日常生活中，我们不会停下来思考表达方式，情景的变化也不会止步不前。我们更多地采取行动，也许是更多的语言表达。可是，在艺术中，我们绝对有必要思考，思想怎样表达，怎样达到一定的层次。在田野上，那些带刺铁丝的灰白色阴影并不重要。可是，在一件作品中，它就很重要了。与其说带刺的铁丝表达了什么，还不如说，带刺的铁丝在一定情形下象征着什么。普遍化与抽象化建立在敏锐感觉的基础上。带刺的铁丝可能是普遍化的基础，而一定的阴影、重量、形状、材料组合、尺寸、年份、锈蚀程度及其与环境的关系也是如此。艺术传统引导我们首先注意感知到的**一切**，直到我们开始洞悉那些最基本的性质①。

有意思的是，作品细节的潜在意义并不会自动导致单一的精确性阐释和封闭性意义，相反，它会加剧阐释的多元化。无论你多么小心谨慎地关注作品细节，最后的阐释都不会以唯一的方式表现出来。这是因为，我们所感知到的任何事物细节归根到底都是有意义的，是重要的，可是，并非所有阐释都是相同的。你越是仔细地去看、去听、去触摸，你所看到、听到、触摸到的也越多。对一些经典作品存在多种阐释，就是这一现象的最好证明。

尽管艺术确实具有开放性，可是，它却总是使事物变得真切可感，把事物从过于空洞的普遍性中救赎出来，使事物如其所是。艺术使得事物或者至少使得它们所具有的部分特征可以通过感官感知到，使它们变成看得出、听得出的，有时候是嗅得出、摸得出的，甚至是品尝得出的。这样一来，所探讨的论题就被带到了注意的中心，引导观众直面它。不仅把探讨的论题描述出来，也把论题的实质以及可能的后果展示出来。人们如何坠入爱河？我们通过揭示它

① 有时候，尤其是涉及观念艺术的时候，隐藏在艺术后面的思想得到了特别的强调，而我们通过感官体验到的物质性艺术作品却无关紧要了。如果你接受这种观点的话，接下来的就是，你无需去观看一件观念艺术作品，只要听一听关于那个观念的语言描述就够了。即使在观念艺术中，表达方式也很少有完全不重要的。在 Joseph Kosuth 的 *One and three chairs*(1965)中，椅子是怎样摆放的，哪一把椅子，椅子有什么样的外观，哪一本词典给椅子下的定义，这些都有一定的重要性。你固然可以用看起来跟科苏特不一样的椅子来建构作品，可是，即使是椅子紧靠着摆放的方式都会引导我们的感觉去感知作品，更不要说如何把椅子布置在展览馆里了。如果从外观上看椅子很不相同，那么，艺术作品也会完全不同了。没有一套选定的具体对象，思想就无法传达出来。确实，Terry Atkinson、Michael Baldwin、Robert Barry 与 Yoko Ono 等艺术家创作的一些作品很少具有能够通过感觉感知到的重要意义。关于观念艺术中的思想和感知对象的关系，参看 Tony Godfrey(1998)、Michael Newman & John Bird(1999)。

带给人的感受以及促使人们做什么，使得这种行为真切可感。在环境艺术中，这有时候意味着，艺术家不一定创造一个新的对象，而只是提供已经存在的东西，给它装上一个具有导向作用的框架或者基座。作品的目的在于表明，诸如此类的东西确实存在，并表现出它的伟大或者卑微。或者，只是加一个注释，发表一点意见。它就是这个样子！这种艺术的一个很好的例证是，在赫尔辛基的卡里奥，有一座房子的山形墙被照亮，它就是玛丽亚·维卡拉于1999年为“在同一片天空下”工程而创作的。从这个方面来看，它们可以看做发现艺术或者现成物艺术传统的继续。

玛丽亚·维卡拉：《盲墙》(1999)

具象化往往意味着我们通过个别案例去把握事物，表明**它**就是**它**这个样子。当然，使用个别案例也意味着我们只看见问题的一个方面，意味着偏好与倾向，意味着强调事物的某些方面而忽略其他方面。偏好往往源于某位特别的艺术家的个人观点。不仅有个别的对象，也有个别的艺术家，或者个别的艺术流派。《欢迎》这件作品就建立在马库·哈库里看问题的观点基础上，他选择了一种特别的方式来表达其观点。如何将作品的意义普遍化，后续将要表达什么样的观点(或者体验什么样的感官经验)，那是观众的事情。至于怎样对缺席的东西作出反应，是忽略、错过、消除它们，还是把它们看做一个整体，这也取决于观众的判断力。此外，在阐释中，缺席的东西是从一些具有启发作用的艺术作品话语中逐步涌现出来的。

因此，使事物真切可感会导致这样的结果，那就是，在艺术中，任何微妙的细节都可能具有价值。你永远不会事先知道，哪些东西才重要。从原则上来说，这一点也适用于任何其他事物，不过，在艺术中，这一点尤其明显。一部手机或者一双鞋子，都可以通过其细节告诉我们许多事情，如果我们希望加以阐释的话。不过，在艺术中，阐释是一个标准化的程序。一般说来，我们首先听说某个东西是艺术，然后才开始分析它。在这种意义上来说，艺术或多或少是一种分析的态度①。因此，我们可以说，环境艺术的任务之一是诱使观众去思考，我们在周围环境中所遭遇到的几乎所有事物都可以不时地进行严格而复杂的分析，就像艺术作品一样。在此，有意思的是接下来所发生的事情：我们热切地观察对象会产生什么结果，它怎样改变了我们与环境的关系。在通常情况下，艺术家会和过去一样给我们作出选择；而借助一整套艺术惯例，艺术家引导我们把注意力投向某些事物，促使我们仔细地观察它们。或许，艺术家设法促使我们看到更多的东西，促使我们以一种不同的眼光去看。当然，我们也可以满不在意、漫不经心地观看艺术作品，不过，这样我们就违背了艺术领域的一条关键原则：分析我们所观察到的**一切**。

在艺术传统中，我们被引导往某个方面进行细致解读，把它们和某些特有术语联系起来，和一些称得上艺术分析的概念联系起来。如果讨论的是绘画，我们就会谈到色彩和画面分块；如果讨论的是环境艺术，我们就会涉及本书也密切关注的一系列论题。艺术

---

① 一些学者讨论过以不同方式观察艺术细节的重要性，Nelson Goodman 就是其中之一。在他看来，“审美的征兆”(symptoms of the aesthetic)才是艺术的典型特征，不过，它们的出场在很大程度上取决于某些东西被看做艺术**的时候**，而并非哪些对象永远是艺术，必定是艺术。(Goodman，1978，67~68 以及其他各处，同时参看 Goodman(1976、1984)。

要求我们进行精细的解读，不过，这并不意味着在别的领域就不需要这种精细化。化学家或者其他一些严谨的研究者也像艺术家或者艺术观众一样，对材料进行细致深入的研究。只不过，在艺术中，材料的形式以及其他方面负载着与化学中不同的意义。在艺术中，某种蓝色的阴影可能表示某位艺术家比如帕布罗·毕加索在某个时期的风格；而在化学中，它可能表示一些物质之间发生的化学反应。人们公认，在关于艺术的讨论中，色彩后面的艺术家比起那些化学反应来更让人感兴趣。在艺术和化学中，由传统所限定的语言和概念是不一样的。两者都是理解我们的周围世界的方式。

在艺术中，细节的具象化不一定非得是真实的，或者跟我们在其他领域所要求的那样真实。你可以采用最荒诞的寓言、谎言、虚构、想象、传说说明事情确实是真的。在文学中，你可以用一百页篇幅详细地描述堂·吉诃德，而这个人物在小说创作之前根本不存在。同样地，妮基·圣法尔那些色彩丰富的雕塑所描绘的特征和艺术作品后面的现实之间也没有什么关系。不过，无论艺术作品的世界多么荒诞不经，作品的物质性一面还是足够真实的。如果你把带刺的铁丝带到录美画廊的走廊，那里就有真正的带刺铁丝，而一座玻璃丝雕塑终究还是玻璃丝。然而，如果你是画的带刺铁丝，你实际上所看到的首先是一幅画，而带刺的铁丝仅仅作为想象的对象出场。无论是画出来的带刺铁丝，还是真正的带刺铁丝，或者别的什么，我们首先感知到的每一个对象都是一个潜在的到达别处的通道，是到达另一个世界的通关书，它们可能采取常见的形式，也可能采取想象的形式。至于那引导我们前行的通道在哪里，我们从中看到了什么样的风景，那是一个敏锐的观众所要完成的任务①。

① 关于艺术的真实与虚构之间的关系这个哲学论题，许多学者进行过大量探讨。真实是什么？这个概念是否可行？这个论题极其诡秘。如果不采取一定的立场，我们就无法对艺术真实与虚构之间的关系进行分析。大多数基础性哲学著作介绍了各种各样的回答。尤其是关于艺术的虚构，可参看 Kendall L. Walton(1990, chapter 2)以及 Robert J. Yanal(1999)。在此，我们也遇到了诸如怎么呈现/象征((re)presents)某物以及某物实际上是什么之类的论题。

4. 艺术的独特性与批评的可能性

独特性使得事物切实可感，也意味着事物之间的差异。在艺术中，每一件单独的艺术作品不仅仅是一个可以轻易地用其他东西来替换的道具，我们希望它是令人感兴趣的唯一。当然，你能指出任何两个东西之间的差异。每一个单独的东西都是唯一的，如果你观察得足够仔细的话。只不过，在艺术中，值得注意的独创性是我们最基本的追求。任何两个可乐瓶之间也可能存在细微差异，可是，在制造可乐瓶的时候，我们的目标是将这种差异最小化，你往往注意不到其存在。而在艺术中，我们有意寻求艺术作品以及艺术家之间的差异。如果我们发现一件作品与另一件作品没有什么差异，我们就会认为这件作品后于那件作品完成，没有什么价值，也觉得兴味索然。在现代派思想中，这种态度表现得尤其明显。不过，创造性、原创性、革新性这些论题与任何艺术都有关。我们往往希望每件艺术作品都自成一派。

有时候，追求独创性与强调个性会导致人们强调艺术的自治与唯一性。按照这种思路，艺术应该遵循自身的规则。一些偏激的观点认为，除了成为艺术或者讨论艺术之外，艺术没有别的使命，每一件艺术作品都应该以自己的方式如此存在。这种观点认为，艺术是它自己的事情，它只要不同于任何别的事物，那就足够了。这方面一个著名的例子是约瑟夫·科苏特的《哲学之后的艺术》(1998)。它宣称，艺术应该远离任何别的事物，忽略所有与艺术没有密切关系的论题。科苏特的观点可以看做泰奥菲尔·尤蒂叶、奥斯卡·王尔德以及19世纪其他一些唯美主义者所提出的“为艺术而艺术”论的现代版①。至于环境艺术，其自治理想则更容易遭到质疑，我将在后面进行更详细的探讨。

---

① 关于“为艺术而艺术”(l'art pour l'art)以及唯美主义的历史，参看Monroe C. Beardsley(1988，284-290)。核心原始资料是Théophile Gautier为其长篇小说*Mademoiselle de Maupin*(Gautier，1892)所写的绪言。

艺术的自治有时候与批评的可能性有关，哈库里发现，这是艺术的使命之一。他认为环境艺术不是建筑，他继续说道："一位建筑师不能设计一座令人不悦的建筑，而一位景观设计师也不能设计大家都认为丑陋的环境。可是，环境艺术可以质疑事物，可以提出反对意见，也可以表现得半信半疑。"①当然，建筑的无害性并非如哈库里所想的那样不言而喻；南特斯的新《司法院》就是这方面很好的例证，这座建筑是由让·诺维尔设计的，它绝对令人厌烦，而且具有胁迫性。然而，你还是可以详细阐述这种观念，主张异见、质疑、批评是艺术永恒的使命。如果一位建筑师选择这样做的话，那他同时也是艺术家。如果我们接受这种观点的话，艺术家就是某种意义上的小丑，我们容忍、甚至期望他对我们已经习以为常的一些价值、惯例和习俗进行揭露、质疑和嘲笑。

西奥多·W. 阿多诺非常喜欢这种哲学。在他看来，艺术就是某种绝对的拒绝与否定，没有任何妥协与折中。艺术必须追求自治，同社会其他方面分离开来，艺术创造应该是自由的，不受任何先在律令的限制。阿多诺认为，艺术如果用一些已被接受的普遍流行的思想和习俗来取悦我们，它就毫无价值。阿多诺还认为，在艺术中，任何东西都不应该直接地表现出来，哪怕是直接的批评或者拒绝都不应该。艺术应该诉诸暗示与含沙射影的方法。艺术的目标仅仅是唤起一种感觉，让人知道有什么东西错了，不过，你永远不能明白地说出什么东西错了，是如何如何错了。艺术绝对不能提出更好的解决方案，因为这样会导致一种仅仅提供有限模式让人追随的意识形态。艺术只是唤起一种追求更好世界的感情，那样更好一些。显得自相矛盾的是，在阿多诺的思想中，这样的自由是保持艺术与社会联系的唯一方式，艺术通过这种方式促使人们积极地追求更好的环境，或者至少保留了一丝希望(Adorno，1970，passim)。

显而易见，批评并非总是建设性的。如果你质疑一切，那么，有时候你就将不可避免地动摇一些东西，而大多数人则认为本来不应当触动它们。不过，质疑有其积极的一面，它给予我们

① Hakuri 访谈录，载于 *Etelä-Saimaa*(February 24，2002. 9)。

让·诺维尔：《司法院》(南特斯，2000)

机会，让我们去改变，去破旧立新。如果这种背离是有意义的，那就是好事一桩。如果你盲目地接受一切，那就什么改变都不会发生，因为人们看不到改变的需要。在一定的情境中，改变所产生的作用并非总是那么容易看得出来，质疑所强调的正是这种难以论证的东西。

质疑还有另一个积极的方面，它在突出那些标新立异的事物时，也唤起我们保护那些事物的欲望，我们不愿意看到它们被毁掉或者堕落。艺术揶揄我们，让我们认出那些我们认为有价值的东西，也认出那些我们认为无价值的东西，并且鼓动我们去为那些有价值的东西采取行动。通过质疑一切，艺术促使我们形成自己的意见，即哪些东西应该受到挑战，哪些东西不应该受到挑战。

可是，我们必须决断，批评和质疑是否与艺术的自治有关，或者正好相反，完全无关。比如，科苏特就不把艺术的自治和社会义

卡丽娜·凯科恁：《道路》(2000)

务联系起来。另一方面，如果艺术失去了自治的希望，它也将无法追求其社会义务了。每一件环境艺术作品都必须进行独立的评价，以便发现它究竟是在追求艺术的自治，还是在追求其社会义务。例如卡丽娜·凯科恁的《道路》(2000)，这件艺术作品是由铺在赫尔辛基教堂前台阶上的3000件男式夹克组成的，它究竟是怎样表现艺术的自治的？又是怎样进行批评的？如果我们要找到问题的答案，唯一的办法是讨论或者辩论。

5. 渴望美——或者丑

艺术也强调审美的方面。在艺术之外的其他领域，我们也感受、讨论诸如审美或者优美、丑陋、英俊以及其他密切相关的特征。不过在艺术中，它们都处于兴趣的焦点。在你就汽车侃侃而谈的时候，你可以大谈特谈它的马力，而忽略所有审美的方面，尽管通常情况下并非如此；可是，在艺术中，你很难忽略审美的方面。

审美意味着什么，这在很大程度上取决于语境①。不过，一种可能的解释是把它跟简单而直接的(视觉)感知和我们在其间获得的愉悦联系起来。在此，简单并非意味着这些感官体验或者感知缺乏复杂的文化意义，如果我们希望强调这些方面的话。根据这种理论，如果一种体验是审美的，它在文化方面达到一个复杂的层次是完全不成问题的。

关键是，许多感知对象——例如一些普通的色彩和形状——都是我们文化的基本部分，我们学会感知它们，而且几乎是自动地在最简单的感官层次鉴别它们。什么是圆形、方形、圆柱、红色、蓝色、黄色，这些因素都很容易学会，也很容易看出来。有时候，这些一下子就抓住我们注意力的因素和另外一些特征联系在一起，比如美丽、丑陋、愉悦等，因此，它们都被归入审美范围。并不是我们首先认出一定的形状或者色彩，然后经过推论，才得出结论说，这个形状或者这种色彩使得对象显得美丽或者丑陋了。我们倒是“直接”而轻易地看出了美丽或者丑陋，我们同时也以类似方式看出了形状，没有经过任何有意识的推论和推理。相应地，我们往往当即评价一个更加复杂的对象——比如一幅画——是不是美，因而引人入胜，至于对象为什么显得美，那不过是事后的分析而已。在另一幅画中，我们看到的也许只有丑，而那可能正是画家的目标。在语言分析中，审美的性质往往被用来与其他现象作比较，我们用相似的语言来描述他们。相似的语言揭示了相关的看法，试试看：我们关注事物怎样显现在感官的层次，它们使人产生什么样的体验，它们与其他现象有什么关系，我们应该就其发表一点什么看法。很明显，如果我们不是首先在文化中学会了这些技巧，那就不可能感知那些哪怕是最容易感知的审美特征。而一旦我们学会了，感知的过程就十分迅捷

---

① “审美的”已经被用作艺术品质、优美、感官性、身体性、表层性、视觉性等的同义语。如需进一步了解人们对这个概念的各种不同理解，参看 Ossi Naukkarinen(1988)或者 Wolfgang Welsch(1997，9~17)。

而简单了。①

在《欢迎》中，那些弯曲的线条、玫瑰花以及其他一些特征看起来很不错，令人感兴趣，这些方面很重要。这件艺术作品的形式是平衡而和谐的，甚至可以说是古典式的。白色与其他色彩结合在一起，令人感到赏心悦目。要说出这番话很容易，可是，要进行更加深入的审美分析就不那么容易，不太可能脱口而出了。因此，我们越来越依赖我们学会和思考的复杂语言了。和谐意味着什么？什么东西使得《欢迎》比其他艺术作品更加和谐？为什么作品是和谐的？在我们讨论任何艺术作品的时候，我们都不可避免地要进行相应的审美评价。许多人觉得卡尔·古斯塔夫·艾米尔·曼纳海姆(1867—1951)元帅的骑马塑像非常帅气，令人印象深刻，可是，其他人却认为它不过是粗制滥造之作。这件作品是艾莫·图基艾宁于1960年设计的，矗立在加斯玛现代艺术博物馆旁边，而后者是很久以后才建设完工的。为什么人们的看法有这么大分歧？如果我们讨论这件艺术作品可能表现出来的政治意识形态，它与审美有什么关系吗？要很好地回答这些问题，我们就必须具有关于艺术以及其他审美问题的渊博知识，熟悉有关的讨论。

在我们讨论审美问题的时候，我们也就很接近讨论技巧的问题了。作品究竟是精心打造的，还是草率急就的？艺术家使用材料和工具的技巧怎么样？作品的处理令人印象深刻，还是炉火纯青，或

---

① 在此，我想强调，上述关于审美的观点主要关注的是简单的感官体验，这种观点并非唯一的选项。讨论上述概念是美学的主要线索之一，在此，哪怕是对各种观点之间的细微差别作个简单介绍都不可能。读者如有兴趣深入探讨，可以参阅前面的注释以及上一章的注释2所列的著作。这种观点强调的是简单的(感官)感觉，可是，综合的(感官)感知(无论是感性的还是与艺术相关的)在何种意义上能够被看做简单的感觉，问题就很复杂了。至少是从James J. Gibson(1966，1979)以及Ernst Gombrich(1960，1982)等的著作面世以来，学术界便开始在感觉的文化属性范围内探讨这个论题。今天，一些有关(视觉)感知的基础性教科书比较注重与生理结构有关的因素，这些因素有的是由文化决定的，有的不是由文化决定的(参看E. Bruce Goldstein，2002)。

者标新立异？艺术家是发展了表现手法，还是借助常规表现手法？所有这些问题，至少都可以从两个方面去思考。首先，我们都有艺术鉴别能力(技巧，能力)，艺术家对一定的技术、材料或者工具的使用是否达到纯熟的地步，尽管他可能仍然依赖过去的表现手法。其次，艺术家是否具有革新性(创造力、想象力)，设法创造一种过去从未出现过的方式，尽管未能达到完善的地步。后者的最好例证是杰克逊·波洛克，他突发奇想，开始在平铺的画布上作画；而前者的例证则是那些此后跟随他这样做，并且有所发展的人。

艾莫·图基艾宁：《曼内海姆元帅》(1960)

探讨审美的性质并非易事，尽管它构成了个人体验的主要部分。为什么会这样呢？原因可能在于，审美的性质显然与个人的体验有关，尤其是与个人的喜好感与厌恶感有关。这样的性质很难甚至不可能进行精确的论证和检验。我们所能做的不过是提出自己的观点，倾听别人的观点。可是，我们并不会因此就不再花费大量时间去讨论美或者和谐之类的问题。我们运用语言去获得别人的同情，期望别人支持我们的观点。通过操纵语言，我们表明自己是某个团体的一分子。艺术批评也在很大程度上基于同样的原则，尽管它不限于关于审美的讨论。一件艺术作品(或者别的什么东西)究竟是美，还是丑，这是无法论证的，如果其他人坚持相反的看法的话。在讨论情绪的时候，我们会发现相似的情况。没有人能够绝对肯定别人感觉到了(还是没有感觉到)某些东西，如果他们不同意你的话。

有些人希望把艺术与审美完全分离开来；我在前面提到的约瑟夫·科苏特就是其中之一。(Kosuth，1998，842~843)科苏特的主要观点是，我们通过感官从艺术中感知到的特性与艺术本身并没有什么关系，艺术的本质不过是思想观念的发展，尤其是那些与艺术自身有关的观念的发展。对于科苏特来说，审美主要是跟装饰之类的东西有关。然而，把艺术与审美剥离开来的使命并不寻常，艺术家个人应该选择肩负这样的使命，至于他们的观众是不是也希望加入这支队伍，则另当别论了。人们很难忽略美、丑以及其他审美特性，同样地，人们也很难不从中形成某种看法和意见。具体到每个人觉得什么东西美、丑、英俊、厌烦，那是另外一回事情，就像我们觉得什么东西合心合意一样。例如，标新立异的东西就合心合意吗？我们必须去讨论它，这就是使得审美令人兴趣盎然的原因，尽管大家公认这样的讨论很难进行。

6. 颤栗与恶心

美让人感觉愉悦，丑有时候让人着魔，对此，我们无需更多理由。纯熟的技巧看起来赏心悦目，美好的思想鼓舞人心，开放性则令人浮想联翩。压抑的叙述可能使人忧伤、恐惧甚至恶心。总之，艺术唤起强烈的情绪或者体验。

强烈的情感往往被看做艺术的主要特征，有许多理论顺理成章地建立在这种观点基础上①。尽管我们不只从艺术中获得情感体验，可是，我们无法否认，我们期望从艺术中获得的往往是强烈的情感体验，即便这一点并非对所有艺术都很重要。我们可能发现，运动或者其他一些事物也令人欢欣鼓舞，而大多数艺术作品根本不能如此打动我们。可是，许多人确实认为，艺术作品如果是成功的，它就总能让我们有所触动，让我们振奋，或者感到震撼。在思想史上，这不过是老皇历而已。柏拉图就曾经认为，诗歌所具有的正是这种特征。

关于强烈的情感体验，我们只能根据自己的感受提供似是而非的例证。这并不能说明同样的事物也会打动别人。没有一种产生强烈情感体验的机器人。我们也不能否定别人体验的真实性，不能说别人的感觉就是有瑕疵的。当然，这并不会妨碍我们使用严格的术语讨论情感以及激发我们情感的艺术作品。事实上，恰恰相反，正是由于在面对某件艺术作品时我们究竟感觉到了什么，这一点是很难加以证明的，我们才必须借助词语来分析这种体验。至于审美，原因也是一样的。我们参与一些价值、规范、传统、趣味的维持与形成，通过证实我们从某种艺术中感受到一些情感，我们表明自己是文化的一分子。如果有人说他在观看卢万·阿泰金森饰演的憨豆先生时感到忧伤，我们一定觉得非常奇怪。而《欢迎》这件作品，尽管我们看到它时不至于忍不住开怀大笑，但它的确也不是我们觉得司空见惯的东西。

有意思的是，情感在我们的忠诚行为中扮演着非常重要的角色。如果我们真诚地喜欢某个东西，我们同时就会怀有强烈的动机去保护、捍卫它，无论我喜欢的是其他人、政治还是艺术。如果欣赏某个东西，你就不想放弃它。无论如何努力，我们都无法阻止自

---

① 例如 John Dewey、Susan Langer 等人的观点非常著名，他们强调把艺术和情感紧密地联系起来。对于 Dewey 来说，艺术不过是我们与环境交互作用并且从中获得强烈而完满的情感体验的任何境遇而已。(Dewey, 1987, passim) Langer 这样描述艺术：“艺术是人类情感的形式符号的创造物。”(Langer, 1953, 40) 不过，我们得说，借助审美经验给艺术下的普遍性定义是非常有限的。

己去喜欢它，遏制自己对它的感情。例如，如果我们从小到大都喜欢吃某种食物，而后来我们知道，那种食物对身体或者环境有害，可是，要消除我们对那种食物的好感却不那么容易。在这种情况下，快感与肉体经验、消化力、感觉、文化意义以及我们觉得对自身而言十分重要的任何因素都有关。如果一些人希望把什么东西(汽车、政治党派、时装标签)卖给我们，他们自然会努力地在产品和我们之间建立一种相应的联系。而在艺术和与之一同生活的人们之间，也存在一种相似的情感联系。我想，最极端的忠诚行为是设法把政治意识形态和真诚的感性快感结合起来了，想象一下整个纳粹德国的感性体验吧。

强烈的情感体验常常与上面讨论的具象化有关。比起仅仅提及某个东西来，通过切实可感的例证来说明感觉到了什么以及出现了什么，更容易让人理解。是直接呈现或者通过语言详尽地描述示爱或者凶杀行为，还是仅仅提及“示爱”与“凶杀”这两个词语，二者的效果完全不同。详细的描述能够帮助我们通过自己的情感、皮肤甚至亲身的生命准确地把握问题。艺术作品也能引导我们去体验别人在某种情况下的感受。为什么年复一年地有人去阅读费奥多尔·米哈伊洛维奇·陀思妥耶夫斯基所著的《罪与罚》(1866)？去观看费德里科·费里尼导演的《大路》(1954)？为什么艺术经常被看做道德教育的主要工具？原因之一就在于此①。

环境艺术特别适于用来唤起物理性的体验，它经常处理那影响我们所有感觉的整个空间。《欢迎》这件作品设法打动我，而我也乐于被它打动。那就意味着，我发现作品有一种吸引我的魅力，使得我在它周围转来转去，在不同的日子里，我一次又一次地经过它。它促使我思考，促使我去讨论，正如你所看到的，直到现在我还在思考、讨论它。总而言之，它使我特别专注于它。这并非意味着我的体验全都是积极、有趣的，它是某种更加复杂、强烈的东

① 关于艺术与道德教育之间的关系，Plato、Aristotle 以及 Friedrich von Schiller 等人曾经多次进行论述。如需了解当代的观点，参看 Wayne C. Booth (1988)以及 Martha Nussbaum(1995)。

西。我不知道别人是怎样看待这件作品的。我听到了一些肯定的评论，据此断定他们也获得了大致相似的体验，可是，我从来没有真正进入别人的体验。在此，我再一次完全依赖语言的描述了。

三、环境艺术的特性

到目前为止，我们探讨的问题几乎跟所有艺术都有关。这些问题与传统艺术之间有着基础性的联系，也与几乎所有艺术都有着某种曲折隐晦的关系。一旦开始讨论艺术，我们就得准备讨论这些问题，当然，在讨论环境艺术时也是如此。这意味着，我们应当学会有关的口头与书面语言概念和习语。这些问题绝非仅仅与环境艺术有关，只不过在环境艺术中同样重要而已。

环境艺术与某些传统艺术的联系特别密切，例如公共艺术、雕塑、装置、建筑、生态艺术以及大地艺术，有时候还包括社群艺术。艺术的标签与严格定义并不重要，一件单独的作品到底是雕塑，还是公共艺术或者大地艺术等，我们往往很难简单地归类，总是需要根据具体情况来决定。重要的是，在这些交叉区域，某些跟其他艺术类型相对无关的问题就凸显出来了。在对那些常见问题进行更加深入的思考之后，我们提出了如下一些问题。

1. 公共性

《欢迎》是一件公共艺术作品，在揭幕讲话中，作者曾经这样概述自己关于环境艺术的观点："环境艺术是对与环境有关的伦理和审美问题的公开陈述。"比如说，阿尼什·卡普尔或者克里斯托和珍尼-克劳德的许多作品同样属于公共艺术，你从中也可以发现有关审美和伦理问题的评论，尽管这些作品在所有公共艺术中并不占有重要地位。

公共性是相对私人性而言的。公共艺术作品不是某个人或某个小圈子的所有物，恰恰相反，只要愿意，任何人都能够去体验一番。许多人即使并不特别希望如此，也常常面对公共艺术作品。一般情况下，公共艺术作品位于日常进入的地方。有时候，公共性意味着公共经费支持，或者为城市、国家以及其他公共团体所拥有。环境艺术往往如此。

不过，物理方面的可进入性并不保证作品具有公共的理念或者信息。即使看到了作品，你也不见得能看出来。涂鸦艺术是这方面的典型，它是一种环境艺术或者公共艺术形式。官方艺术世界仍然在设法进行部分控制。每个人都能看到它们，但是，只有那些熟悉这种亚文化的人们才能领会其中的信息。对于其他人来说，它们显得有点儿混乱，而且都是违法的。对于许多熟悉的公共艺术作品，人们也有相似的争议。在芬兰，这方面的例子是《领导思想》(1985)，是由雕塑家维科·希尔维迈奇为纪念作家米卡·瓦尔塔里而创作的，位于赫尔辛基的米卡·瓦尔塔里公园。当作品揭幕的时候，很多人都不明白这座雕塑表达的是什么，许多人至今都不明白。人们不一定能发现作品和他们钟爱的作家之间的微妙联系。随着时间的流逝，有些作品逐渐得到了人们的理解、接受和欢迎。在芬兰，坦佩雷大教堂内由雨果·斯贝格创作的壁画就经历了这样一个过程。在20世纪早期，这些壁画普遍不受欢迎，后来，人们的反应才变得积极起来。①

从物质性方面看，公共艺术也可能完全被人忽略，哪怕是处于中心位置也不能保证受到大范围的注意。位于赫尔辛基希尔塔拉帝港口的《欧罗欧作品22号》(2000)是欧罗欧创作组(帕西·卡尤拉与马科·沃克拉)的作品，由围绕在港口水池周围的50个钢球组成。这件作品让其他艺术家和评论家着迷，却很少激起公众的讨论，尽管它处于赫尔辛基市区中心位置，就在成千上万人的眼皮底下。也许，在商业和交通喧嚣与那些大块头的建筑中，这件作品的

① 对于Waltari纪念碑以及其他芬兰公共艺术作品的争论，Jarmo Malkavaara(1989)曾经进行过分析。关于艺术私密性与公共性的各个维度，Susan Jones(1992)所编的*Art in Public*进行过更加全面的分析(主要是就英国的情况而言)；大多数与环境艺术有关的著作都提及了这个问题。

维科·希尔维迈奇：《领导思想》(1985)

欧罗欧：《欧罗欧作品 22 号》(2000)

感官要素过于微妙，无法引起人们的注意。我怀疑，艺术家们欣赏的正是环绕着作品的宁静与闲适。

在创作环境艺术作品时，艺术家必须有遇到另类观众的心理准备，他们很可能没打算观看艺术作品，甚至可能怀有明显的敌意。正如在所有公共艺术中，你必须面对这样的事实，当人们未经事先同意而遇到作品时，一定不能让他们感受到无礼、胁迫、烦恼以及惊恐等感觉，无论这些感觉是抽象的，还是切实具体的。这跟那些收藏在画廊里的作品不同，人们可能不会与作品进行互动交流。因此，在公共艺术中，有大量素材是不能采用的，比如暴力场景。即使有意地加以丑化的环境艺术也非常罕见，可能的例外是罗伯特·斯密森的一些设计如《胶水泻地与沥青横流》(1969)，哈·舒尔特为1976年威尼斯双年展而创作的《威尼斯万岁》，后者包括圣马克广场满地的“垃圾”。当然，这些作品是有意地加以丑化，还是碰巧显得丑陋，这个问题也真假难辨。

哈·舒尔特：《威尼斯万岁》(1976)

有的作品富有争议，被认为不宜置于公共空间，在不到十年的时间内即被拆除，这方面最著名的例子是理查德·塞拉创作的《倾斜的弧面》(1981年创作，1989年拆除)。这件作品是一堵巨大的弯曲钢墙，位于纽约联邦广场。人们认为它妨碍广场的自由穿行，而且存在安全隐患。时间的问题再次引起我的兴趣。如果作品被允许放置于联邦广场上足够长的时间，是否最终会被人们所接受？确实，在很长时间内，人们都认为，艺术家个人干涉了广场的日常使用者的生活，这是对公众傲慢无礼的冒犯。不过，这些义愤会逐渐地平息吗？

从某种意义上说，公共艺术和其他公共展览没有什么区别：在所有公共活动中，我们都必须顾及公众的伦理、政治以及其他观念。当然，即使这些因素都考虑到了，公共艺术以及相关的创作过程也不一定能够取悦每一个人，而且，的确不能把取悦每一个人当做目的，因为如果那样的话，就要承担向可能的批评方法妥协的风险。在保持自己的批评方法和艺术尺度的同时，如何对待你要施加影响的观众？社群艺术对此问题尤为敏锐。(参看 Kester，2002)然而，在故意的可恶行为和激发人们思考的批评性行为之间，还是存在着细微区别的。当然，你无法确定地划出两者之间的界限。

理查德·塞拉：《倾斜的弧面》(1981)

《欢迎》可以视为半公共艺术作品。它不是塞在画廊或者博物馆里，等待特定的精英前去欣赏，而是位于一所艺术与设计大学的走廊里。我们可以假定，它的观众中只有小部分人不熟悉艺术。这件艺术作品所蕴涵的信息已经由其作者在揭幕讲话中加以阐明，而不是有意地隐藏在亚文化代码之后。只不过，广泛的公众可进入性受到了有限展示时间的限制。

并非所有环境艺术都是公共性的。有些作品位于人们无法实际进入的地方，比如理查德·龙的作品；或者位于荒野的小路边，比如芬兰人居斯·基维的作品；有些作品则是专为艺术家们自己而创作的。这样的环境艺术自然不是公共性的。不过，还有其他问题需要我们加以探讨。

2. 三维性与空间性

环境艺术往往包括物质性三维部分，并且为此目的经过特别处理。就这一点来说，它们与雕塑没有什么不同之处。在日常语言中，环境艺术往往混同于公共雕塑。因此，我们不得不思考环境艺术作品与其他三维艺术作品的关系。作品的形式感怎么样？所选材质揭示了艺术家与传统雕塑价值之间的何种关系？形式是否经得起各个方向的审察？形式看起来像什么？感觉起来像什么？是精细、厚重、刚硬、平衡、协调、古典、生动、疲态、热情、死气、粗野的，还是复杂的？形式与色彩、材质匹配得怎么样？

在环境艺术中，空间(space)或者地点(site)是关键因素。空间和位置(place)是三维的，可能包含其他三维对象，反过来，这些三维对象又创造出了更小的空间。与空间性相关的问题包括材料和结构以及所在空间的关系。艺术作品与所处空间协调，还是被错放了地方？作品在空间中营造出什么样的氛围？有些作品会主宰其所处空间，而有些作品则服从其所处空间。有些作品会扰乱或者破坏空间，制造紧张感。有些作品会使空间富有威胁性、吸引力或者可恶感。艺术作品怎样注意上下、左右、往来的方向，怎样在安排空间的时候把光线作为一个要素包括进来，这是很有意思的。怎样处理声音的要素？从空间的使用和与空间的关系方面来看，位于赫尔辛基中央的格拉斯宫殿旁的人行道上、由安迪·贝斯特和梅雅·普斯汀创作的毫不起眼的小铜片作品《无声的脚印》(2000)与位于赫尔辛基的阿拉伯区、由阿努·基斯基宁创作的作品《夜曲》(1999)

或者艾拉·希尔图宁创作的《希贝琉斯纪念碑》(1967)是完全不一样的。如果说贝斯特和普斯汀是在窃窃私语的话，基斯基宁和希尔图宁则是在大声呼号。

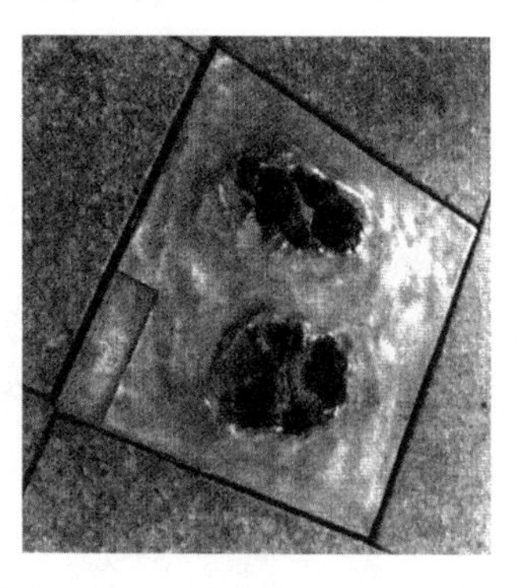

安迪·贝斯特　梅雅·普斯汀:《无声的脚印》(2000)

阿努·基斯基宁:《夜曲》(1999)

空间与位置是不一样的，对此存在着多种解释。差别之一是，空间是场所(location)的三维属性。只有经过人的活动，如一件艺术作品或者一个重要事件，空间才成为位置或者地点。关于位置和地点，则存在着更多解释。空间是一种结构，内部是空无的，能够以多种方式填充，有时候甚至包括艺术空白，比如伊夫·克莱恩的作品《空》。两年以后(1960)，阿尔曼对此作过注释。在巴黎伊丽斯·克雷特画廊，他作了一场名为《充实》的展出，从地板到天花板填充了同样的空白。位置一般是在文化方面从空间中定义出来的场所，有时候也可以是从时间方面定义出来的。一个空间场所可以通过相关景物指示出来，而位置则不能。有些位置是高度私人性的，其意义仅仅为某个人而存在，比如我曾经在那里亲吻过某个人的门口，曾经在那里意识到自己迷路了的林中空地①。

有些学者现在特别地把“地点”理解为一个完全与物理性场所相分离的概念，理解为一个具有观念性、社会性或者言谈性的语境。因此，艺术的“地点”可以是关于性欲和种族划分的公众争论(Kwon，2004；28)。

阿尔曼：《充实》(1960)

① 有时候，位置(place)也可以被理解为场所(location)，它可以由一些相应的设施设备指示出来。对于与空间(space)、位置、风景、范围、区域等有关的问题，Tim Cresswell 的 *Place：A Short Introduction*(2004)等著作曾经进行过广泛讨论。Lucy Lippard 的 *The Lure of the Local*(1997)运用大量实例分析过类似问题，不过，她更加关注的是艺术问题。

《欢迎》无疑是一件对其所处空间具有支配性的艺术作品。它拒绝谨慎地适应现有的物理和观念框架，不过，它也没有彻底地毁灭其中一个。我们确实可以从适应、调整、破坏（同时也是创造）等方面去阐明环境艺术作品对环境的影响。《欢迎》的三维解决方式并不是我们所说的前卫，它倒是体现出对正统的自信，也许，这正是其吸引力的所在。这件艺术作品直接从物质性方面改变了其所处空间，无疑，它也改变了观众关于空间的观念，改变了观众在那里所体验到的情绪。它把空间转换为一个特别的位置，或者把一个位置转换为另外一个位置。由于我们的记忆，这个位置能够在回忆中长存。

环境艺术和建筑、舞台设计尤其是装置艺术一样，都具有三维性和空间性。它们还有一个共同点，那就是，这些作品很难搬到别的地方去，即使这不是不可能。它们都属于特定地点，是位置的一部分，与其所在的环境互动。布景如果处于剧院储藏室，总显得有点哀怨。大楼如果移动到博物馆等别的地方去，就会显得有点怪诞。在环境艺术中，把同样的材质和形式移动到另外的场所、空间或者地点通常意味着创作一件新的艺术作品。如果在别处的走廊里使用《欢迎》的材质，无论那走廊多么相似，都会把它变成完全不同的作品，也许还需要重新命名①。

三维性与空间性同时涉及内容、技巧、感性和情绪之类问题，在环境艺术中，这些问题以及其他许多重要问题都在三维和空间中展现出来了。艺术作品想要说什么，信息如何包装在材质和技巧解决方案中，什么是美的与什么是丑的，作品给人的感觉怎样，所有这些方面都通过三维、空间和地点表现出来。

3. 变化性与运动性

在艺术中，我们往往追求恒久性，对艺术作品进行维护和修

① 关于一件艺术作品能不能迁往他处的问题，参看 Miwon Kwon（2004，尤其是 Chapter 2）等著作的讨论。

复，尽可能保持作品完整无缺。这样做的首要目的就是保存，而整个博物馆系统都服务于这个目的。然而，在环境艺术中，单件作品不一定要恒久，倒是或多或少追求不断的变化。有些变化是可控、可预见的，比如锈蚀；而有些变化则可能是意外的惊奇，比如设计一些由发条或者公众故意破坏而启动的小机关。

另外，人们总是会围着环境艺术作品走动，不断改变观看的角度。虽然艺术作品在物质条件方面保持不变，可是感官体验却改变了。周围环境也可能改变，有时候，这个因素在设计作品的时候就仔细考虑进去了。比如瓦尔特·德·玛利亚创作的《闪亮的原野》(1974—1977)，这件作品就是设计在变化的条件下观看的，而只有在闪电照亮那些杆子的雷暴中，它才真正地鲜活起来，而包括《欢迎》在内的一些艺术作品则是为了临时展览而设计的。

创作和观看环境艺术应基于这样的观念，即艺术作品不只是空间性的存在，同时也是一系列具有当时、当地文化条件下的不断变化的时间性存在。《欢迎》就是这样的。从物质性来看，这件艺术作品只存在了两个星期，而光线条件也随着白天时间的推移而有很大变化。在展出期间，有些变化非常明显，比如铁丝生锈了，鲜花枯萎了。很显然，观看这件作品时，重在观察作品以及作品之外以不同速度发生变化的过程。同时，观众也无法从某个有利的角度看到整件作品，他需要走过和穿越作品。如果你天天看到这件作品，每天究竟都有什么样的体验？这也取决于这两个星期里你遇到了什么事情，你自己发生了怎样的改变。

对变化和运动的要求在很多方面影响了环境艺术的创作，例如材质的选择。如果艺术家特别想要强调这种变化，他们就会选择那些迅速发生变化的材料。比如，奥拉维·拉努和詹姆斯·皮尔斯用一些鲜活的植物来创作，赫尔曼·德·弗里斯用草地创作了作品《草地》(1987)。有时候，艺术家也会把作品放置在被实际运动所包围的环境中，比如在流水中、地下车站、路边。这些作品被设计成短暂的，更像一场演出，一次意外，或者另一个生活事件。在这些情况下，公共性就是另外一回事了。艺术作品由于不是安静地待在那里，就更加具有威胁性、进攻性和暴力性。哈·舒尔特于

奥拉维·拉努：《外形》(1980)

1976年用垃圾覆盖威尼斯圣马克广场，如果追求作品的恒久性，那就不可能采用这样的材料。实际上，我们并不总是很肯定，“艺术作品”到底是不是正确的术语，或者不如称作一起事件、一个过程、一场境遇更为合适。在与社群艺术或者会话艺术等有密切关系的艺术类型内，这一点变得再明显不过了(参看Kester，2002)，比如海伦和纽顿·哈里森、密尔勒·乌克勒斯或者沃肯·克劳斯和苏伯弗雷克斯小组创作的一些作品，他们往往根本不创作传统的艺术对象。经由人们争议和讨论，这些作品所蕴含的社会和观念层面的东西也在迅速发生变化。

通过强调作品的变化和观看角度的改变，环境艺术变得更加接近我们对环境的日常体验。在这样的体验中，我们无法逃离变化。草木一荣一枯，天气忽冷忽热，交通噪音隆隆滚过，人们熙来攘往、慢慢老去①。我们在别的地方也能看到变化，环境艺术最多不过使我们看到更多细节，并且促使我们去思考变化的原因、结果和性质。有时候，作品激励我们超越自身生命的局限，陷入时光流逝与世事沧桑的沉思，展开一幅关于过去和未来的深远画卷。反过来，这与艺术创作乃至未来其他创造活动的职责有密切关系。在本

① 大量环境美学著作探讨了艺术作品对变化与过程的注意。参看Yrjö Sepänmaa(1993)和Allen Carlson(2000)。

罗厄尔·梅耶斯:《无题》(2001)

书下编，我将就这个问题进行深入探讨。

4. 多感官性与参与性

与绘画和音乐不同的是，在环境艺术中，所有感官都被调动起来了。环境艺术本质上属于综合性、整体性的艺术，需要我们去观看、聆听、触摸，甚至品尝与嗅味。环境艺术作品的内容、技巧以及其他问题都是通过所有感官来把握的，这使得我们可以从任何感觉领域评论作品的感性、技巧以及任何普遍性问题。《欢迎》最初是被看到的，但是，它也影响了空间的声学特征。如果你敢去触摸那些球的话，它们的厚重感也会加强你的体验。

环境艺术作品的变化性和多感官性会促使观众变得更加主动积极，因此它使人感到兴趣盎然。对于具体的作品来说，变化的哪个阶段、情景或者哪些感觉的合成才是最好的，这一点事先并不清楚。此时，艺术作品这个概念真的成了一个问题，它让观众自行决定何时以何种方式通达作品。《欢迎》也是这样的作品，你可以观看、聆听、触摸，在不同的时候采取不同的方式，至于究竟怎样才是最好的，怎样又是最糟的，这个问题并没有清楚的答案。佩卡·朱尔哈的那只金鹿立于西林雅维的一个山头，究竟应该夏天去看，还是冬天去看？开车去还是步行去？晚间去还是白天去？再如位于万塔、由贾科·聂梅拉创作的《市区》(2002)，位于索姆萨尔米、由雷约·克拉创作的《沉默的人们》(1994)，以及位于土尔库、由丽娜·伊科宁创作的《冰罩》(1999)，应该什么时候去看，怎么去？我们都得自己决定。

佩卡·朱尔哈：《新发现》(2000)

艺术作品的边界在哪里？哪些属于作品？哪些属于环境？这些问题也总是不清不楚的。走廊是不是《欢迎》这件作品的一部分？问题的答案取决于你决定采用哪种特别的感官。如果采用视觉的话，我们比较容易看出作品的各处边界。如果采用触觉或者听觉的话，那就要难得多了。《欧罗欧作品 22 号》又如何？答案是相同的。在这里，问题的关键与环境美学(超出了艺术)中需要着重强调的一个问题有关：我们是环境的一部分，通过自己的行动和出场影响环境，我们和环境之间的边界是模糊的。如果我呼吸着一件燃烧着的环境艺术作品所散发出来的焦煳味儿，我就真的沉浸到作品之中了。这是一个连续体。我们可以说，在许多情况下，人们参与到具有公共性与亲密性的环境艺术中，不仅仅是观看和聆听①。在某些情况下，这一点更加显而易见，你甚至可以称之为参与艺术②，因为这种艺术特别鼓励我们积极地参与其中。

贾科·聂梅拉：《市区》(2002)

毋庸置疑，环境艺术接受的多维性也对艺术家提出了相当多的要求。你不可能对所有方面诸如感官、角度、时间、条件以及其他因素都进行很好的控制。无论你能够多么仔细地设计并且完成作品，总是难免有令人惊讶的事情发生，接受者会注意到这些事情，而艺术家本人也会如此。

---

① Arnold Berleant(1992)等讨论过边界模糊性问题，有时候甚至公然以一种斯宾诺莎式的激情来进行。大多数时候，环境美学在一定程度上把艺术与其他环境区别开来，尤其是，通过不同的方式来处理对自然环境和艺术的审美。Yrjö Sepänmaa 的 *Beauty of Environment*(1993)就是如此。

② Kaija Hannula 在提交给 University of Jyväskylä 的执教资格论文里使用了 osallistava taide(参与性艺术)这个概念，该论文讨论的是 Christo and Jeanne-Claude 的艺术。

同样清楚的是，在了解了多感官经验、参与、变化与过程、空间和位置的意义以及与公共性和亲密性有关的问题之后，艺术家和观众通常会对艺术采取完全不同的态度。这样通向作品的方式在艺

丽娜·伊科宁：《冰罩》(1999)

雷约·克拉：《沉默的人们》(1994)

术中很容易传染开来，环境与艺术的关系或者艺术所探讨的问题可能逐步改变，比如摄影、文学甚至音乐都越来越强调环境。这样的情形会怎样频繁地发生，你一定能像我一样想象得到。

四、词语的力量

对于自己所从事的艺术，艺术家们常常难以进行讨论，甚至无法讨论，这一点连他们自己都感到奇怪。他们可能不知道该说点儿什么，也可能不一定认为这个问题有多么重要。那么，我们为什么要加以讨论呢？我们为什么要提出一大堆艺术问题，尤其是环境艺术问题，而且鼓动他人参与有关讨论？仅仅创作与体验还不够吗？

1. 描绘联想

在就职演讲中，哈库里提到，他发现在环境艺术的教学中有三个问题很重要，而这些问题同样适用于一般艺术。首先：

> 教学的主要内容之一是把学生的构思模拟、呈现出来。在此，我想要强调，图画及其与我们的潜意识和稍纵即逝、无拘无束的思想的联系是非常重要的。图画是某种固定不变的东西。这意味着把你自己的想象描绘出来，它与环境艺术教学中的各种形式有着直接的联系。

除了绘图、按照比例塑模与建造整件作品之外，词语的运用也同样重要，无论是在环境艺术的创作还是教学中，都是如此，至于在评论中就更不说了。词语的运用也意味着把我们的构思描绘出来，只不过其方法与绘图不同罢了。词语也用来为自己或者别人模拟与呈现。

作为一种手段，精通词语也是非常重要的，这仅仅因为，并非每一个人都能够理解图画以及其他视觉表达，你若希望与他们就构思、观念以及整件作品进行交流，就得借助词语。尤其是，在环境艺术创作的早期阶段，我们需要与一些不懂艺术与图像的门外汉进行讨论。比如，某位艺术家如果计划为某个公园建造一件公共艺术作品，他就必须得到有关当局的许可，通常还需要得到财政支持。这样，你就得把工程的大致模样描述出来，也得说服人家相信你的工程确实值得建设。一个极端的例子是克里斯托和珍妮·克劳德的工程，这个工程花了好几年时间才建成，包括计划、谈判、施工等；而位于柏林的《包装的德国国会大厦》甚至历经20多年才建成(1971—1995)。在环境艺术工程中，图画、谈话、写作服务于不同目的，但是任何一项都不能忽视。

与图像一样，词语也能够让我们通达自己的潜意识。在写作和说话的时候，我们甚至能够看到我们以前没有意识到的事物。无论是潜意识、只可意会的知识还是别的什么，所有的一切都有特殊的(科学的)上下文语境。关键在于，我们的存在、思想、行为，我们与世界的关系，都涉及一些我们没有意识到的因素，对于这些东西我们无知无觉①。说话和写作都是把这些因素揭示出来的方式。这往往意味着把不受控制的意识转换为可控制的东西，也就是说，把想象、情感和直觉转换为艺术。总而言之，绘图和写作之间的差异并不重要，绘图和写作的各种方式之间的差异才是至关重要的。在采取每种方式的时候，你都或多或少要加以控制，而所有方式都有其特定的目标和意图。写论文跟写日记不同，而绘制设计图与画出一件环境艺术作品的草案也是两回事。

2. 有关的价值

哈库里继续说道：

---

① 有人认为，我们的思想甚至行为都是潜意识的。参看 George Lakoff & Mark Johnson (1999, passim)。

在环境艺术教学中，另一个核心要点是态度和环境教育。学生们的环境艺术工程及其论证必须考虑到审美与伦理因素。学生们必须回答诸如“为什么”和“采用什么材料”之类问题。

显然，如果不运用词语，就无法对态度和理由之类的问题进行讨论，无论说也好，还是写也好。你借助词语把环境艺术的创造与更普遍的价值世界联系起来。“为什么要建造这样一件作品？”“为什么这件作品要以这样一种方式建造在这里？”不仅艺术家要回答这些问题，公众和其他人也需要知道问题的答案。环境艺术工程必须向公众进行论证，应当容易理解，其目的是为了让公众接受。如果艺术家不能提供语言的答案，其他人将代为回答。

“为什么”要求我们对自己的（价值）选择进行论证，这时候，非语言行动帮不上多大的忙。对这个问题的回答涉及伦理方面，涉及对与错、善与恶、赞与罚等概念；也涉及审美方面，涉及美、丑、吸引、迟钝等。对于这些问题我们有什么样的看法，在一定程度上取决于我们的身体，比如体验痛感与快感的能力。不过，在更深的层次上，我们对这些问题的看法负载着一些不能忽略的文化因素。反过来看，文化在很大程度上是由语言表达出来的，环境艺术的创作必须涉及伦理和审美，比如基督教、亚里士多德、伊斯兰教、启蒙运动、浪漫主义、个人主义的思想与语言阐述。我们最好能够意识到自己思想的背景，能够向别人阐明自己的思想。在本书最后一章，我将更详细地讨论与伦理有关的问题；本章只对审美和艺术价值进行讨论分析。

3. 改变体验

环境艺术教学的第三个目标是强调个人空间体验的重要性。早在构思作品的时候，学生就已经亲身参与对环境的体验了。身体的出场是他们作品的一部分。环境模拟创作者，它是个人的精神状态。

你一句话都不说，一个字都不写，也能体验周围的空间；从这种意义上来说，我们大多数日常空间体验是在没有词语的情况下发生的。可是，这不等于说，我们在思考和分析这种体验的时候不使用词语。在面对某个空间或者位置的时候，如果我们懂得怎样使用正确的词语，对这个空间或者位置的体验就很容易受到影响而改变。在使用了词语以后，似乎空间的物理性质都发生了变化。

1997 年夏天，我去芬兰南部骑车旅行。有一天，我在一条小路边休息了一会儿，躺在山坡的沙质草地上，沐浴在明媚的阳光里，一路上车轮碾过路面发出的沙沙声在耳边萦绕着。吃了一些小吃以后，我产生了一丝微微的睡意。半睡半醒之间，我享受着那里的平和、安宁与静谧，也感觉到了太阳照在脸上的微热、背上沁出的些微汗水。身下的干草散发出的一股香气，也感觉稍稍有点儿毛刺。道路就在干涸水渠的另一边，而在山的那边是一片松树林。有几只昆虫在飞来飞去，天空中飘着几朵白云，远处传来飞机飞过发出的渺茫的嗡嗡声。当我闭上眼睛的时候，我仿佛还能看见我骑车经过的那些地方，那些小山、草地和树林中的荫凉。那是一幅多么美妙的乡村景象啊!

然后，有一个老人经过那里。我们聊了一会儿。他告诉我，我正躺在一片芬兰内战(1918)留下来的墓地上。

再不需要更多的词语了。突然之间，这个地方就充满了一种让人拒斥与悲伤的气氛。只不过几个词语罢了，就把过去的恐怖氛围营造出来了。它通过一种阴森逼人的威胁，证明了这种恐怖过去确实存在过，如果有任何证明的必要的话。你可以猜一猜其余的东西，当然也可以猜想得更多。不仅仅是猜想，你还可以切身地感受许多东西，悲痛、恐惧、对与错的权衡、憎恨与热望，这些都不仅仅是肤浅的思想，也是身体的真切感受。大地的轮廓、气温、植被都没有因为词语而改变，可是，仅仅几个词语就改变了你对这个地方的环境体验。有时候，只需要一个名词引导你的体验就足够了，比如，我的工作地附近有一个叫“希尔斯普卡里奥”的地方，也就是“绞刑山”。

词语负载着身体的体验，部分原因可能在于我们身体的性质在很大程度上决定我们在这个世界的思想与行为。与大脑一道，眼睛使我们能够看到色彩，耳朵使我们能够听到一定频率的声音，我们能够感觉到疼痛，可是我们无论怎样也不可能跑得像一只印度豹那样快。当我们讲话的时候，我们必须依赖这种在个人层次保持恒久、也在一定程度上与他人共享的体验基础。正因为如此，我们才能通过使用词语改变我们对一个地方的环境体验；词语能够唤起我们的体验和情感，把它们与一定环境联系起来①。这种部分有赖于语言化的回忆能力也通过以下事实得到了证明，即在物体没有真实出场的情况下，我们可以借助照片、录影、故事或者绘画体验环境。比如，如果看到一幅冬天的风景，你可能会打一个冷颤。不过，这些方法里没有哪一种能够取代其他方法，它们都同样重要。走路和微笑很重要，谈话也是如此。走路会影响你讲话，而谈话也会影响你怎样走路。对环境的真正体验，以及教会这种体验，也是如此。

4. 档案词语与作为艺术和环境创造者的词语

词语使用的第四重意义在于，有时候我们使用那些能够改变与促进身体体验的词语来为艺术作品建立一份环境档案。这几页里不再包括具有切实可感形式的环境艺术作品，但是，涉及环境艺术作品仍然是可能的。在这几页或者任何别的地方，哈库里的《欢迎》不再作为一个切实的物质实体而存在，可是，我们仍然可以通过一些词语以及相应的图像进入作品。艺术作品储藏于词语中，即使是作品的任何物理部分都没有包括在内。我们需要的不过是一套可能的回忆与重建工具而已。它们极其重要，因为许多环境艺术作品无

① 尽管这里只是顺便提及，但实际上，学术界就思想、身体、语言之间的相互关系开展了大量科学讨论。前一注释中提到的 George Lakoff & Mark Johnson 所著的 *Philosophy in the Flesh*(1999)就支持上述观点。Ned Bloch, Owen Flanagan & Güven Güzeldere(1997)以及 Timothy O'Connor & David Robb(2003)等著作提出了不同意见。把语言和身体联系在一起，并非必然意味着语言只受到身体因素的控制，而根本不受文化的影响。

法通过别的方式储藏。词语与图像互相作用，词语引导我们看到图像，赋予图像以意义，而图像使读到的词语有了真彩。词语与图像的结合是整个生命体验的一部分，是我们关于运动、触觉、气味、色彩、味道的知识的一部分。它似乎微不足道，却令人惊奇①。

环境艺术往往要求具体的空间、三维性物质，以便它可以借助词语或者其他途径记录下来。但是要求不等于必然要求。有些词语能够独立创造出一个环境，这是词语使用的第五重意义。还记得我前面描述的骑车旅行吗？其实，我从来没有骑车旅行过，也没有去过那样一个地方。可是，即使我说出了事情的真相，也已经无法抹去你对于那个环境的体验了。因为，在阅读我写作的那段文字时，你已经获得了体验。正是从自己的体验中，我们才知道体验将是什么样儿的。这一点在文学中尤其明显。文学作品创造了丰富的想象性环境，最早的当属圣经里的天堂与地狱。C. S. 刘易斯的《纳尼亚》或者 J. R. R. 托尔金恩的《地球的中心》也创造了类似的环境，人们对这些环境的熟悉程度甚至超过了对许多物理性的真实环境的熟悉程度②(当然，小说也提醒我们，精心组织的词语是非常引人入胜的。有趣，奇异，令人着魔！不然的话，就不会有小说这种艺术了)。

词语创造了环境，它们也创造了艺术。在艺术的语境中，词语的意义是本体性的，正是从那里长出了艺术。正如奥诺雷·德·巴尔扎克假想的绘画《未知名的杰作》一样，一件完全属于想象的环境艺术作品也是可能的。每一项未完成的环境艺术工程都是一件事实上的环境艺术作品。不过，更重要的是，我们必须认识到，一些普通的词语是确认艺术作为艺术而存在的关键手段。

所有艺术评论都包含与其他艺术或显豁或隐晦的比较，比如传统、领域、创新性以及其他人的意见等。在艺术和其他文化之间，

---

① W. J. T. Mitchell (1994) 以及 Günther Kress & Theo van Leeuwen (1996) 等著作概述了词语和图像的相互作用。

② 如需更多地了解小说所创造的环境，可以参看 Alberto Manguel & Gianni Guadalupi (1999)。

我们也进行类似的比较。其中的关键之处在于，作品与周围世界究竟具有怎样的关系，它能够唤起一些有趣甚至唯一的体验与想法吗？艺术作品存在于其他事物之中的正当性与必要性是什么？当讨论结束的时候，我们有了一些有趣的发现。有的人说出了作品中让他们喜欢的东西，有的人却说出了让他们反感的东西。或者，还有一些别的讨论？否则的话，我们就会说，艺术作品在某些方面失败了。

可以说，艺术的存在其实是分量度的。那就意味着，艺术不只是存在或者不存在，它也或多或少地存在，或强或弱地存在。因此，我们可以进一步说，一件艺术作品引起的争论越多，它就越是存在。问题的实质在于，究竟是什么东西激发人们去思考与讨论，特别是，激发人们就其与艺术传统的关系开展讨论。在这种意义上说，艺术仅仅存在于关于**艺术**的讨论、阐释与比较中，而**环境**艺术也仅仅存在于关于**环境**艺术的讨论中①。这并非意味着，在对我们归入艺术的这些事物进行讨论时，艺术话题才是唯一重要的论题。我将在本书第二部分阐述其他一些论题。

与置身艺术讨论之外的人们比起来，那些知道怎样谈论开放性、多感官性、鉴赏、优美之类话题的人们能够更好地领会他们自己或者别人所创作的艺术。不过，我们还必须认识到词语能够做什么，特别适于做什么，不太适于做什么。比如说，不借助分析，我们就无法区分技巧与内容，或者形式与内容。这意味着，把它们分离开来的唯一方法是用语言进行解释。在面对艺术作品或者艺术事件的时候，我们无法用手指指出哪里是内容，哪里是形式。我们固然可以热烈地讨论形式、技巧、内容等问题，不过，在这些东西之

---

① Arthur C. Danto(e. g. 1981, passim)等提出过类似观点。Danto 探讨过本体论，或者说，艺术及其存在的方式。由于本体论问题是关于艺术的基本问题——艺术是物理对象、思想、印象、阐释以及其他东西的聚集吗？——它们恰好揭示了各种(哲学)方法和有关艺术的基本观点之间的差异。例如，比较 Danto 的观点和 John Dewey(1987)、Martin Heidegger(2002)或者 Richard Wollheim(1968)等的方法，可以很好地揭示相互对立的思想之间的差异。

后存在着一件被人讨论的艺术作品。我们讨论的不是作品的各个部分或者部件，而是作品的各个方面，以及通达作品的各种途径。语言能够辨析在其他地方不存在的差异，也能够辨析不能以其他方式存在的差异。然而，哪怕再丰富的语言，也不可能完全补偿我们的触觉、味觉或者其他感官体验，尽管语言可以指向我们的体验，但也能影响我们的体验。

最后要说的是，很显然，在创作环境艺术作品的时候，上面列出的所有维度和可能性不一定都出现在艺术家的脑海里。即使其中一些维度确实在这个过程中出现了，也不可能进行控制。无论艺术家多么机敏善变，最终的成果也只有等艺术作品全部完工后才会出现。无论你的观念多么完善，它也不能保证你得到高质量的成果。

下篇　环境

如果艺术是我们“感知世界的一种方式”，而你不能立即感知整个世界，那么，环境艺术就是我们感知特定环境的方式之一。环境艺术这个名称表明，比起其他艺术来，我们更多的是怀着对其环境的兴趣来处理艺术问题的。环境艺术致力于讨论各种各样的环境问题，而不局限于艺术世界内部的游戏。因此，环境艺术可以看做运用艺术的方法，从艺术的角度讨论环境问题的一种方式①。

使用环境艺术这个名称表明，我们意识到了艺术的环境视角，艺术家采用这个名称，观众也可以采用。从根本上说，我们可以把环境问题和任何艺术类型联系起来，比如，和桑德罗·波提切利的画联系起来。使用环境艺术这个名称，在很大程度上是注重艺术的感知方式，而并不是说这个标签只能跟诸如公共空间里的雕塑等特定艺术类型联系起来。当艺术和环境问题的联系被人们意识到的时候，环境艺术便诞生了，尽管人们更容易把这个名称和那些被称为环境艺术家的人们所创作的装置艺术联系起来，而难以把它和传统画廊里的油画联系起来。

在上篇，我们讨论的是艺术如何以自己的方式运转，也就是有关艺术的各种问题。现在，我们应该着手讨论的是环境艺术的特有主题，即环境。这也意味着，我将要探讨作为更大整体之一部分的艺术的地位或者角色；毕竟，艺术不只是讨论环境，它同时也是环境的一部分。在更大的整体中，艺术只是各个因素中的一个，整体的各个部分都以复杂的方式互相影响。我发现，环境艺术的作用之一正是提醒大家注意到这一点。

我首先要说到的东西似乎和艺术沾不上边儿。对物理环境和社会环境产生很大影响的因素包括建筑物文化（建筑、城镇规划等）、

---

① 可是，显然并非所有归入环境艺术的作品都是如此。早期创作的大尺度大地艺术作品仍然相对地以艺术为中心，思想的大部分注意力不是放在作品对当地自然环境的影响上面，比如 Michael Heizer 创作的 *Double Negative* (1969—1970)。在这个时期，创作出对艺术家和欣赏者更有吸引力的作品，这更重要。后来，当人们热衷于讨论生态观念的时候，大家才特别强调在自然中进行创作的生态方面。Robin Cembalest(1991)和 Sue Spaid(2002)都讨论过环境艺术中这种态度的改变。

媒体、工业、交通、农业和林业。这些因素到处留下痕迹。我要集中讨论的是其中的交通问题。因为我们不可能马上就讨论整个环境，我便选择环境中的一个领域来讨论，在这里，许多环境问题都交织在一起。我打算探讨的问题包括：交通怎样影响环境？环境到底怎么了？哪些方面与其有关？然后，我将回到艺术这个话题，提出一些关于艺术的观点。在讨论艺术怎样塑造环境，以及由此引发的一系列争论时，这些观点十分重要。最后，我要分析的是艺术对环境应当负有怎样的责任。

我把交通与艺术联系起来，目的是为了阐明：尽管(环境)艺术显然有自己的事儿要干，比如说，更加注重开放性与批评性，可是，它仍然是这同一个世界中不同于交通部分，因而对这个更大的整体负有责任。正如前文所述："环境艺术是对与环境有关的伦理和审美问题的公开陈述。"让人感兴趣的是，在创作和讨论艺术的时候，我们怎么能够把交通与艺术的联系扯进来呢？我们会因此而丧失对艺术世界本质的深刻洞见吗？莫非，只有当你把艺术看成更大整体的一部分时，艺术才变得有意义，才令人兴趣盎然？我相信，后者才是真的。为了达到这样的理解，我们必须以合适的方式再度讨论(环境)艺术。

五、交通与环境问题

1. 以问题为中心逼近环境

人类就像生活在一个果壳中，所谓环境就是环绕在我们周围的一切(包括大自然及其各个部分：建筑物、物体、事件和习惯，以及其他人)。在我写下以上这个句子的时候，直接的环境包括衣服、桌子、电脑和好几个大书架上的书籍。稍远一点，但是仍然看得到、听得到、甚至嗅得到的环境则是窗户之外的庭院以及房子的其他房间。再把思路打开一些的话，我的环境还包括努尔米亚维村、自治市、乌斯玛地区、芬兰、欧洲、地球以及银河系。各种范围的边界都是模糊的，即使我本人和周围贴身的环境之间也是如此。作为一个整体的环境在不断地改变，我也在变。这个整体就像涡流一样，永远不会停止，我们不可能清晰地看到一切。你必须聚焦于一个点，哪怕这个点比较大。我打算讨论的则是交通问题。

我之所以这样做，是基于这样一个事实，日常环境已经在很大程度上被交通和使得交通得以可能的整个运输系统主宰了，这个系统包括飞机、汽车、自行车、道路、红绿灯、停车场、交通堵塞与噪音等。我们可以选择各种各样的角度来分析交通和环境的关系，不过，现在我们集中分析的是交通引起的环境**问题**。这是最合乎当前实际的视角，也是普遍采用的视角，艺术讨论当然也必须以这个语境为背景①。

---

① 对于与汽车和交通有关的艺术和审美问题，也可以采取不那么以问题为中心的方式来处理。在此，我们没有提供更积极的观点，有兴趣的读者可以参看 *Contemporary Aesthetics*，载 Special Volume 1，2005，Aesthetics and Mobility(http：//www. Contempaesthetic. org，Feb 6，2007)，*Kunstforum*，Vol. 136(May，1997)、Vol. 137(August，1997)以及 Ossi Naukkarinen(2003)。

有一本关于环境概念与术语的芬兰语著作叫《环境词典》，该书是这样定义环境问题的："由难以或者不可修复的环境破坏所导致的事务状态。"该书还把环境伤害或者环境破坏定义为"在环境中发生的复杂化或者扰乱性行为导致的负面性特征"。

尽管关于环境问题的定义如此简洁明了，可是，关于环境问题的讨论却很容易导致一些非常复杂的疑问。比如，构成环境问题的实质性要素有哪些？怎样界定某个特定的环境问题？是什么或者谁造成了环境问题？应当怎样解决环境问题？关于什么是环境伤害或者环境破坏，要达成一致意见并非易事。我们是从人类的立场还是其他物种的立场来思考环境问题的？有时候，关于环境问题的讨论所得出的结论是世界各地人们都能够理解的，其中最粗略的甚至被简化成了各种各样充满了箭头和格子的图标。这些东西很好地提醒了我们，在环境中，似乎所有事物都在影响任何别的事物。

为什么环境问题在今天成了热点？为什么讨论环境问题的时候总是以问题为中心切入？这些问题本身就很有意思。显然，并非所有环境问题(issues)都是问题(problems)，有些问题也可以更加中性地看做现象、事件或者过程。当环境现象被科学界、媒体或者政客们说成问题的时候，它就成了问题了。

根据格兰·桑德韦斯特的观点①，环境问题之所以比过去更加受到人们关注，是由于以下四个方面的原因。首先，严重的环境问题对人类和其他物种构成了越来越严重的威胁，诸如博帕尔毒气泄漏和切尔诺贝利核电站爆炸的灾难已经足以说明。其次，即使环境并没有显著恶化，然而，新的科学发现、环境组织的活动和大众传媒的舆论宣传使得人们的环境意识大大增强了。即使是一些看不见的现象也被揭示出来，被列为威胁。再次，所有环境变化很容易在媒体上被当做问题与威胁对待，因为夸大其词就是媒体的工作方式之一。人们的恐惧会促使报纸销量和电视收视率大大提高。此外，许多国家经济地位提高了，这导致人们更加关心环境问题。特别是，如果某个国家生活水平非常低，所有能源消耗都是为了满足最

① Esa Väliverronen(1996, 38-39)对 Sundqvist 的思想进行了概述。

基本的生存需要时，人们就会忽略环境问题。

2. 与交通有关的诸多问题

为了详细地回答在思考环境问题之时冒出来的那些问题，我们必须举出关于这些问题的具体例证，不管潜在的问题是什么，都得这样。哪怕是再好的定义，也需要举例说明作为补充。环境问题究竟是怎样跟交通联系起来的？

我正驾驶着小汽车行驶在通往赫尔辛基万塔机场的高速公路上，以便在那里乘飞机前往伦敦。就是在这样一个简单事件中，我也和许多环境因素联系起来了。

要能够驾驶汽车前行，就必须修建一条道路，它覆盖数平方公里土地。在其他情况下，这些土地可能开辟为农场、住宅、建筑用地，或者划为自然保护区。在许多地方，这些方面的用地非常匮乏。几年前，万塔机场进行了扩建。现在，机场占地 260 公顷，也就是2 600 000平方米，其中 100 公顷铺上了沥青，160 公顷铺上了草皮。(Ruhanen，2001)这片区域相当于赫尔辛基这样中等城市市中心的大部分，也差不多等于巴黎市中心的大部分。这座机场负责的空中交通可能达到以前的两倍，而该区域商业发展的目标也是达到以前的两倍。随着空中交通的增加，需要消耗比以前更多的燃油，这样就会排放更多污染空气的废气，而空中交通的噪音也会增加。你可以乘坐其他交通工具前往伦敦，当然也可以根本就不去。不过，在今天的交通条件下，哪怕是坐船去，也是很难得的事情了。而正是这样一些普普通通的活动，对一些重大环境问题的产生具有决定性的影响。

由于有大量人口居住在这里，并且有更多的人打算迁入，这里建起了公路和机场。常住人口规模不断膨胀，游客们也在此居留，因为这里有了发达的商业，能够提供更多就业机会。许多商务公司开展了国际业务，其顾客遍布全球各地，因此，他们都严重依赖世界经济状况，依赖各个经济要素之间的内在关系，比如需求、原材料与劳工价格、汇率、时尚潮流等。这个地方的文化服务也吸引了大量人员前来，戏院、俱乐部、书店以及广播电台都各有自己的顾客。我也在文化部门工作，正在旅行去伦敦参加一个美学研讨会。

由于首都地区繁荣兴盛，国家的其他地区则空心化了，这就引发了各种各样的问题。地方政府的税收减少，健康卫生服务被削减，学校和山村商店关门，公共交通萎缩。来自首都地区的人们，比如我，有一些亲戚生活在人口稀少地区，就不会总是待在首都。因此，在首都和一些新市民的老家之间，就需要建设道路网络。随着公共交通的萎缩、私人小汽车的增加，我们需要建设更多公路。尤其是在夏天的时候，会导致让人头痛的周末交通拥堵。在其他国家，情况也是这样。全世界城市化率越来越高，2006 年全球大约一半人口生活在城市。拿我来说吧，我正在开车去机场，这一次是去离我岳父母小时候住所很近的一处避暑别墅。

我的汽车已经不太新了，二氧化碳和其他废气的排放量较大，加剧了空气污染。再过一两年，我打算把它送到废旧汽车回收站去，至少会有部分物质得到回收利用。接下来，我打算买一辆使用燃料电池技术的汽车，这样能够降低尾气排放，但是也不可能完全不排放。

我在服务区购买汽油，不过，这个服务链条究竟是怎么运作的，我真的知之不多。无论是石油公司开采石油、炼油厂炼油还是销售公司销售石油，都可能由于一些疏忽行为而污染有关地区。他们与当地政府都忽视了居民在世居地应该享有的权利。他们有一大套说辞，什么原油生产竞争非常激烈，为了降低生产成本，在全球市场获得竞争优势等。

每年有一百多万人死于交通事故，数百万人伤残。另外，财产损失高达数十亿元（Featherstone，2004，3）。我行驶在高速公路上，任何时候都需要安全气囊的保护。数百万人一直受到交通噪音的影响，超过 65 分贝的噪音就会显著地降低其生活质量。图苏拉高速公路旁竖起了厚重的噪音隔断屏障，可是，这也只能隔断部分噪音。由于城市不断扩张，地盘越来越大，对于那些没有私人汽车的人来说，出去购物很不方便，这会造成人们之间的不平等。我感到好奇，如果没有汽车，你究竟能不能走那么远，步行去图苏拉高速公路周围的商场？此外，交通运输要求对道路网络进行维护，促使汽车销量持续上升，反过来又刺激汽车产量的提高，最后导致人们每年都有大量时间呆坐在拥堵的汽车里。即使在畅通的时候，图苏拉高速公路上的车速也慢得像蜗牛在爬行。由于开车和坐车时间太多，人们缺少体育锻炼，患上肩周炎和肥胖症，这些都是典型的西方中产阶级富贵病。

尽管弊病无数，可是人们仍然热衷于驾驶。过去几十年来，用于交通的能源消耗在不断增长，尤其是旅客运输，在工业化国家里，旅客运输比货物运输更加普遍。此外，只有半数的旅客运输，包括私家车出行，与工作、购物、或者其他“服务”旅行有关，而其余的则属于休闲旅行。1997 年，西欧国家平均每人消耗 6 桶石油用于交通运输，这意味着平均每人消耗 2~3 桶石油用于休闲旅行。消耗量最高的是美国，平均每个美国人每年消耗的石油竟然高达 18 桶(O'Meara-Sheehan，2001，109)。而且，迄今为止没有任何迹象表明，对石油的消耗量可能下降①。

为了方便是要付出代价的。显然，人们仍然能够接受目前的石油价格。英国进行的一项研究表明，超过 70%的英国年轻人非常看重一本驾驶执照。如果非得要他们在驾驶执照和选举投票权之间进行选择的话，他们宁可选择驾驶执照(O'Meara-Sheehan，2001，120)。

3. 信息也四处乱跑

随着实在的物质性公路、铁路、空中航线的开通，信息高速公路也兴盛起来了。在全球计算机和长途通讯网络上，达到不可思议的海量比特串在到处传输，在目的地形成数字、字母、声音和图像。数据通信降低了一部分物质运输需求，同时它也增加了一部分

① 每 1000 升原油中能提炼 250 升 95 号汽油。精确的消费数字因年份和国家而异，欧盟以及每个国家的统计服务机构都能提供检测数据。在此，问题的关键在于，对石油的消耗量还在不断上升。

物质运输需求。有了互联网，我们可以很轻易地在芬兰就订购一本美国出版的书籍，而不需要舟车劳顿去取书；另一方面，如果没有互联网，我就不知道有这么一本书。因此，我根本不需要这本书，也不会有人把这本书快递给我。为了建设和维护计算机网络，需要进行不断的国际货物和旅客运输。硬件和软件都会很快过时，致使电子垃圾堆积如山，而全球对这些产品的二次利用却非常有限。尽管存在着各种各样的问题，然而，数据通信这种形式的运输却一直在持续地高速增长，怎么也停不下来。

移动电话的迅猛增长最能够反映数据通信的发展速度。1990年时，只有略多于5%的芬兰人使用手机。到1998年时，超过50%的芬兰人使用手机。此后，使用手机的人口比例继续攀升，到2000年代头几年时，几乎每个人都使用手机。在许多其他国家，手机使用的趋势和增长速度也是如此（Kopomaa，2000，25~31）。也许，移动电话这种设备很好地抓住了人们都有迁移理想的心理。人们既想要有自由，不断地跑来跑去，同时又想要在任何时候都能够和任何人立即取得联系。即使正在从一个地方赶往另一个地方，我们也想要处理更多事情，就是在乘坐飞机的时候也不想停下来。事实上，这种设备和服务体系还在不断发展，使得我们能够在移动电话上完成越来越多的不同任务。如果要列出我们这个时代最具有代表性的形象，榜单的第一名可能是一个男人，由于高速公路堵车，他独自坐在汽车里打手机电话。那就是我，正在图苏拉高速公路上①。

如果你想要讨论交通运输所带来的问题，你打算从哪里开始？是什么影响了什么？问题始于哪里？又将终于哪里？什么是**交通**问

---

① 我在这里所描述的交通问题与“移动文化”（mobile culture）这个更宽泛的概念有关。在“移动文化”社会里，由于经济、政治和意识形态等方面的原因，人员、货物和信息的迁移非常频繁。如需了解有关移动文化形势的分析，可以参看John Urry（2000、2003）、Tim Cresswell（2006）以及移动文化研究网站http：//www. lancs. ac. uk/fss/sociolog/cemore/（Feb 16，2007）。关于这个问题，我撰写过著作（*Kulkurin kaleidoskooppi. Suomalaisen mobiilikulttuurin anatomiaa*，2006），该书目前在芬兰有售。

题？它什么时候又转变为其他问题？什么因素造成了环境问题，什么因素造成了别的问题，什么因素不会造成问题？谁应当负责去解决哪些问题？我与所有这一切有什么关系？艺术与这一切又有什么关系？

要发现所有这些问题之间的内在逻辑，似乎是没什么希望的。无论我做什么或者想什么，总会有一些事情把我的思路引到一边去。唯一确定的事情似乎是，交通与很多问题有关。有的直接相关或者直接由其引起，比如空气污染、交通事故、噪音等；有的只是间接有关，比如人们向某些特定地区集中、石油公司在钻探区的行为、西方人的脊椎病等。另一方面，不可否认，交通也能带来各种各样的便利，使人感到愉快。开着汽车，我们可以节约一些时间，能够完成更多的差事。驾驶本身也是一件很快乐的事情。因此，交通并不仅仅是一个问题，或者引起问题的原因，倒像一个网络中心，有大量复杂的问题和有利因素纠缠在一起。影响环境状况的大多数现象也是如此，它们并不都是无可争议的麻烦，而在无数的方面表现出来，既有坏的方面，也有好的方面。

我们大概都同意，所谓的一个问题，就是我们想要除掉、改变或者摆脱的某种事情。它需要得到解决，需要纠正或者替换。它是一件麻烦事，会带来不便，造成伤害。我们的争议在于，应当怎么看待这些问题，又应当怎么对待这些问题，打算怎样消除这些问题。

4. 如何解决这些问题

环境问题是全球性的，关于这一点，我们已经达成了普遍共识。前面所列举的大多数问题来自两本书，一本是世界观察研究所发布的《世界形势》年鉴，另一本是《增长的极限》。后者的最新版本《增长的极限：30 年后的更新》由朵尼拉·米都斯、乔尔根·兰德斯和丹尼斯·米都斯修订，于 2004 年出版。这两本书都很容易找到，都被广泛引用。两本著作都以复杂的科学研究数据为基础，但是写作口味却是针对普通公众的，它们尽量把复杂的科学问题通俗化，内容浅显易懂。你也可以从别的地方或多或少得到一些同样的信息，它们往往比从某个特定学科的角度进行分析，还要详细得多。此外，无论什么人，只要有兴趣，都可以通过各种公共机构提供的大量课程、电视新闻和纪录片、报纸和杂志、互联网站以及许多非政府组织的信息会议和数据传单，了解与环境、交通、人权、健康、经济以及其他领域的各种问题。对这些问题，我们必须迅速采取行动，否则将有可能发生新的生态危机、战争、瘟疫和经济危机。

更重要的是，不需要任何研究证据，不需要接受专门教育，也不需要任何仪器，你自己就能在环境中发现许多这样的问题。任何人都注意到了，在交通拥堵时段，大城市的空气充满了油污味，会引起头痛。全世界的交通和工业不只是偶然令我们感到稍有不适，其危害要大得多，不仅仅诺贝尔奖获得者能够得出这个结论，你也能。

对于各种各样的环境问题，我们采取了部分解决的方案，如果执行得很好的话，有些目标是可以实现的。比如，通过技术革新和立法，汽车和工业有害排放量降低了。然而，很多解决办法往往是一些停留在原理层次的观念。我们都知道，为了节约能源和减少污染，应当少开车。可是，在现实中我们很少这样去做。只要养得起车，觉得开车很容易，那么，即使知道自己的行为会造成环境问题，我们也会继续开车。汽车会污染环境，这早已经不是新闻，可是轿车数量和交通运输总量仍在持续增长，我们不会顾及环境而改变自己的生活习惯。在美国，最近几十年里私人轿车的增长速度是人口增长速度的六倍（O'Meara-Sheehan，2001，106）。在接下来的几十年里，全世界轿车总数将达到创纪录的十亿辆（Urry，2004，25）。由于一些贫穷国家会变得越来越富有，那里的人们也向往工业化国家的生活方式，在汽车消费方面步人后尘。

还有大量问题会阻止这些已知解决方法的介绍与传播。首先，我们需要改变人们的日常生活方式，强迫他们放弃已经学会享受的生活习惯。开车会带来很多方便！方便到如此地步，甚至我们会轻易地认为，使用燃料电池或者其他技术发明，应当可以消除开车的舒适所造成的弊端。似乎到了那时候，一切问题都会迎刃而解。

我们的感官还没有透彻地感觉到自己环境中的许多风险和威胁。臭氧层变薄了，这个问题似乎很抽象，即使有科学证据加以证明，我们也觉得难以理解，因此我们没觉得有保护臭氧层的必要。如果一位邻居得了皮肤癌，我们更可能认为那是由别的什么原因造成的。而当我们认识到环境问题是全球性的，其中有许多问题彼此纠缠不休的时候，我们就对这个问题感到麻木了。我自己也好，任何其他人也好，怎么可能以某种方式影响这个问题呢？情况毕竟还没有完全失去控制，为什么不闭上眼睛，继续享受我们的生活呢？况且，即使我们想尽办法解决了一个问题，会不会又引起别的问题呢？

更大的问题是，我们并不总是清楚地知道，究竟应该相信哪些信息。人们一般都会关心，交通之类的人类活动会引起冰川融化，海平面急剧上升。可是，有些人的观点却完全相反，他们认为担心冰川融化是不必要的，因为我们根本不能肯定，冰川到底会不会真的开始融化。即使冰川真的会融化，这个过程也是非常缓慢的，地球生态系统一定有时间实现自我修复(Kakkuri，2001)。

气候状况真的像国际气候变化工作小组在其报告中所说的那样吗？还是反对意见也有一定的价值？2007年2月的第一周，国际气候变化工作小组在其报告《2007气候变化：物理科学基础》中发表了一份关于气候变化研究的总结(http：// www. ipcc. ch/SPM2feb07. pdf, Feb 16, 2007)。这份总结提出："气候正在变暖，这一事实确凿无疑。有证据表明，全球平均大气温度和海洋温度都在上升，冰川融化面积正在扩大，全球平均海平面明显上升。"(P. 4)就在同一个星期，一些专门研究气候问题的教授光是在芬兰语报刊上就发表了三篇意见相左的文章(Korhola 2007，Lunkka 2007, Seppälä 2007)。他们反对提出如此过于简单的观点，因为在严谨的科学研究中，仅仅根据几十年之间在一些特定观测点收集的数据，就想得出有理有据的结论，是非常困难的事情。其他一些人甚至提出了激进的挑战，如最著名的丹麦统计学家布约恩·朗伯格，在其著作《疑神疑鬼的环境保护论者》以及网站 http：//www.

lomborg. com(Feb 6, 2007)中，对绿色和平组织、世界观察研究所、世界自然基金会以及活跃于环境领域的其他组织提出了批评。他指出，实际上，关于环境状况急剧恶化的呱噪在大多数情况下都不免夸大其词，而不是建立在坚实的科学基础之上。我们到底应该相信谁？为什么要相信他？

也许，朗伯格等人的意见也有正确的成分，大家都认为环境危机已经出现，而其实问题没那么严重。不过，他们的研究中却存在另外一个问题：难道我们没有意识到，正是科学知识理想与经济增长意识形态的结合导致了绝大部分世界环境问题？科学研究总是被用来开发与使用自然资源。哪怕其“科学基础”是如此的天衣无缝，我们就可以期望那个领域给我们讨论的问题提供满意的答案吗？也许，根本就不存在什么确定的事情。自然科学家也不全都相信能够达到绝对的科学确定性，而寻求和等待绝对的科学确定性会不会导致在其缺席的情况下不敢做出决定呢？这是一个更让人头疼的问题。

环境问题究竟有多么普遍？交通在这些问题中扮演了什么样的角色？这些问题究竟有多么严重？应该怎样去解决？关于这些方面，究竟谁是谁非，我们暂且搁置一旁。不过，我们可以说，这些问题确实存在。我们面临的挑战是需要去思考到底该做些什么，根据什么原则行动。当我们不再只是想想，而要付诸行动的时候，面临的困难就更大了，无论这些行动是基于科学，还是别的什么。无论出于什么考虑，我们都必须行动起来。

5. 自然科学、政治与艺术

关于环境问题的讨论一般是在概括的层次开展的，使用数字、统计、系统分类、指标等方法。其原因在于这样一个事实，观察环境问题一般采取两个主要的角度，一个是自然科学角度，一个是社会科学、政治和行政管理交叉领域的角度。在这样的框架内，人们往往不太关心在一个**特定**环境中，问题是怎样被感知到的，环境又是怎样影响**特定**个人或者动物的。

在环境讨论中，自然科学的地位非常突出。比如，艾萨·瓦利维罗恁就分析过，在印刷媒体上，19 世纪 90 年代以来，芬兰拉普兰地区的森林植被遭到破坏。根据瓦利维罗恁的材料，在新闻中出现得最多的文章是研究人员撰写的，他们占所有讨论参与者的一半以上(Väliverronen，1996，97)。在所有的环境讨论中，研究人员的参与度可能没有这么高。不过，在关于环境问题的公开讨论中，各种类型权威人士的观点和论断经常被引用(ibid.，93-94)。

瓦利维罗恁单独提到的其他一些讨论参与者是政治家、森林所有者、环境保护论者、经济学家、工厂主以及普通市民。他没有单独提及艺术家或者艺术领域内的其他人，不过，他们属于"其他"人。至少在这份材料中，他们不具有媒体研究者将会注意到的角色。瓦利维罗恁的材料于 1989 年至 1992 年发表在四种芬兰语报纸(*Kansa*，*Helsingin Sanomat*，*Kaleva* 以及 *Pohjolan Sanomat*)上，拥有广泛的读者群。他只分析了这些报纸的部分内容，"材料包括社论、论文、新闻、商业与财政、周末与环境等部分"，由于某种原因，它"把给编辑部的信排除在外，把当前事务部分与文化部分或者副刊区别对待"(ibid.，16~20)。究竟艺术界的人士有无兴趣参与讨论，或者他们只是在文化部分或者给编辑的信中表达意见，我们不得而知。不过，在这种情况下忽略报纸的文化部分似乎表明，在讨论环境问题的时候，他们提出的意见无足轻重。

人们认为，只有自然科学视角才是探讨环境问题最精确和最客观的方式，它是任何相关知识的基础。仿佛只有数学、物理、化学之类自然科学才会中性、客观地告诉我们事情的真相，而关于环境问题的其他观点都必须依赖它们。在关于环境审美的研究中，这种态度也不例外。比如，环境美学领域最有影响力的研究者之一，加拿大哲学家艾伦·卡尔松就经常特别强调，在对(自然)环境审美特征的欣赏中，自然科学知识是非常有必要的。他认为，尽管你不能把美学还原成自然科学信息，不过，为了进行审美欣赏，你必须对气候土壤特点、动植物生存方式及其在生态系统中的地位等方面具有自然科学角度的透彻理解。自然科学知识大都使用有赖于数学思维与分类的方法，通过数字和抽象的形式表现出来。这一观点是非常重要的，因为作为一个学科的美学与艺术、人文及其研究传统密切相关，而关于环境美与丑的问题处于这些领域的核心。尽管我们偶尔也尝试用自然科学方法来处理美学问题，可是人们往往认为自然科学的方法没有什么用处①。

人们往往认为，只有自然科学才拥有对(自然)环境信息的发言权，同样，只有社会科学研究、政治行政思维以及经济政策的偏见，才被看成社会文化问题的核心。简而言之，在这种前提下，自然科学和社会科学最终决定了环境形势怎样，而政治家则最终决定了对这些信息采取怎样的行动。影响环境状态的决策是在政治层面作出的，而政治决策对一些环境行为设置了法定的约束和制裁。有了这样的决策之后，就可以把资金从一些项目撤离出来，而投入到另外一些项目中，也就是说，环境行为要么得到支持，要么被阻止。无论在哪种情况下，强调的往往是一般原则，而个别情况则视情况进行调整。

在自然与社会科学或者政治的研究中，我们很难说什么意见是完全错误的，但是，若认为它们能够显现环境以及人与环境关系的完整图景，那也是很片面的。显然，人类经验领域的大部分是处于它们的范围之外的。这幅图景可以由许多方式来完善，艺术则是完善的方式之一。有趣的问题是，艺术如何表现环境问题，我们在本书第一部分探寻的就是关于这个问题的答案：艺术特别注重开放性、情感性，强调感性的方面。当然，并非所有艺术都关心环境问题或者环境这个话题。但是，我们应当注意，无论什么艺术都不可能与环境无关。在讨论艺术与环境问题有什么联系的时候，你必须看到这种关系的相互性。一方面，艺术怎样处理环境问题，也许也造成了环境问题？另一方面，环境问题怎样影响艺术，它是被怎样看待和讨论的？

---

① Carlson 在其著作 *Aesthetics and the Environment*(2000)中全面阐述了自己的观点。当然，很多人对 Carlson 这种自然科学指导下的美学观提出了质疑。比如，Thomas Heyd(2001)强调，在某些情况下，绝对地忠于自然科学思维会阻断对自然的审美欣赏。Heyd 认为，采用其他办法去发现自然的审美要素也是很有效果的。Carlson 在其著作中也分析了他自己的观点和其他观点之间的关系。

六、艺术对环境的影响

交通运输引发了一系列环境问题，艺术又如何看待自身与环境的关系？应当怎样把环境问题纳入关于艺术的讨论中？一个办法是，就像分析交通或者其他什么对环境的影响一样，分析艺术对环境的影响。这种影响可以分为直接影响和间接影响两个方面。

1. 直接影响①

首先感受到艺术对环境产生影响的人是艺术作品创作者。可以毫不夸张地说，创作艺术作品就是一场冒险。画家们在作画时，使用的是具有高度可燃性的物质，比如定色剂、稀释剂以及喷漆。颜料里有时候含有镉、汞、铅之类的致癌物质。绘画艺术家暴露在腐蚀性和酸性的水汽和有毒气体中，这些东西可能通过呼吸而进入艺术家的体内。各种酸性物、腐蚀物、硬化剂、树脂也可能沾上皮肤，溅到眼睛里。雕塑家们在创作作品时，则可能产生石英粉、木屑尘，这些东西可能引起硅肺病之类肺部疾病。由于艺术家的工作场所很少是根据理想的空气调节和人体功率学原理设计建造的，而且工作场所也同时用于吃饭和睡觉，在其间创作作品的风险就更大了。恶心和皮疹不过是家常便饭，中毒的情况也不鲜见（McCann，1979）。

有时候，人们开始关心起艺术家的健康来，想办法防止他们暴露在具有腐蚀性的挥发气体或者其他有害物质中。可是，即使我们

---

① 我要特别感谢 Michael Lettenmeier，他帮我仔细地核实了本节使用的很多资料，并且作了注释。

有效防止了艺术家暴露于有害物质中，接下来会不会发生别的什么呢？借助空气流通系统把这些有害气体从艺术家的工作间排出去以后，有害气体又流向哪里去了呢？由使用的材料和工具所产生的废弃物呢？毫无疑问，创作艺术作品时所产生的有害物质总量远远没有工业和交通巨大，可是，只要一点点就非常有害了。关键是，我们还要看到人们对待与艺术有关的有害物质和工作方法的态度。实际上，人们只注意到了艺术创作与作品对艺术家的伤害，而他们这种态度本身也是很重要的。1994 年，一本名为《视觉艺术家健康与安全指南》的芬兰语著作出版了，该书直接陈述："人们通常只是注意到工作程序与材料给工作者带来的健康与安全危害，而忽略了它们对环境的影响。"(Salonen，Pohjola and Priha，1994，235)该书有关环境保护的章节仅占微不足道的 3 页篇幅，而其余 275 页篇幅则大谈特谈对艺术家的保护。有关章节也没有详细说明艺术家在创作作品时所使用的各种原料和工作方式是如何加重环境负担的。它只是简单地建议要避免接触各种有害物质，以及避免采取造成不利影响的工作方法。

尽管我作出了很大努力，然而，我确实无法找到任何一种构成物质来评估艺术中需要使用的毒素以及其他有害物质对环境的影响，我的专业知识不足以支持我独立地完成这类调查。不过，我们还是可以通过其他办法来估计艺术对环境的直接影响。一个办法是分析艺术作品对原材料的消耗量。为了生产一件作品，究竟消耗了多少自然资源？

从有害物质的产生到自然资源的消耗，进行这样的视角转换是有足够理论依据的。认识到毒素以及其他有害物质的危害性，防止那些东西流入大自然，这确实非常重要。然而，我们也应该注意到，对本身无害的物质诸如水和岩石的使用达到某种量度范围，那也会对自然产生比毒素更巨大、更广泛蔓延的影响，而毒素的影响往往仅限于当地而已。有人作过计算，西方式家庭每人每年大约消耗 60~90 吨固体物质，每人每周大约消耗 300 个食品袋的食物(lettenmeier，2000，17)！

哈库里的作品《欢迎》包括几个由带刺铁丝编成的球。你可以相当容易地估算每个球大约要消耗掉多少自然资源，据此推算出整件作品所消耗的资源有多少。这种方法就是大家所熟知的材料投入(MI)因子。这样一种与“经济效率”相联系的思维方式尤其在菲德烈·施密特-布列克那里得到了发展，并且从此流行开来①。

首先，你得知道制作每一个重量单元花去了多少材料。每个球用去了大约20公斤电镀铁，而为了处理这些铁，又用了大约1公斤盐酸。编织每个球用去了大约3公斤铁丝。为了把整件作品组合起来，搭建了一个操作台，用去了40公斤云杉木材做支架，2.5公斤云杉木材做面板。为了制造手套和带子，用了2公斤皮革和300克塑胶。为便于运输，每个球用了2公斤硬纸包装。工作间大约用去了6度电来加热木材，用了1度电来照明。艺术家本人开着自己的车子旅行了大约100公里，才把作品运送到展出现场。

在计算材料投入(MI)数据的时候，每一种材料和工艺的因子是决定了的。电镀铁的因子是9，这意味着，在采矿和精炼工艺中，每生产1公斤电镀铁就将用去总共9公斤固体自然资源，比如矿石原料或者化石燃油。盐酸的因子是3，非电镀铁的因子是7，云杉支架和面板的因子是2，皮革的因子是2，而塑胶带的因子是5.4。非再生包装纸的因子是15。为了加热和照明而消耗的电能也应当转换为物质，因子是0.41公斤/千瓦时。在驱动一辆货车时，每公里相当于用去2公斤自然资源来推动汽车，另加必需的基础设施和燃油②。

这样的乘法和加法计算告诉我们，制作这样一个带刺铁丝球将消耗掉大约540公斤自然资源，而把这样一个大家伙(200公斤)运

---

① 例如，参看Schmidt-Bleek的*The Fossil Makers*(1993)，最便捷的途径是登录http://factor10-institute.org(Feb 8, 2007)阅读电子版。

② 这里只进行了大略的估算。尤其要注意的是，这种估算方法使用的是2002年*Welcome*创作出来时的因子。如果以2007年使用的因子来计算，创作并且运输同样的一组带刺铁丝球将用去大约670公斤自然资源。读者若希望了解更多有关计算原则与材料投入(MI)因子的信息，请登陆Wuppertal Institute网站http//www.wupperinst.org and http://mips-online.com(Feb 10, 2007)。

走，又将吞噬大量资源。如果作品被运输到更远的地方，由运输对环境所产生的影响还要加大。这样一来，《欢迎》这件作品通过交通与广泛的环境变化联系起来了。《欢迎》所使用的部分带刺铁丝是从田野和森林中回收的废弃物，因此，根据材料投入(MI)原则，使用这些材料作为作品的一部分并不会消耗掉自然资源。不过，省下的部分又用于运输和处理这些回收材料了。无论如何，考虑到作品的每个部分、作品的运输、展出空间的保暖以及其他相关功能，这件作品一共需要消耗数千公斤自然资源。

2. 艺术作品的生命周期

一般情况下，我们可以说，在评估艺术对物质环境的影响时，应该注意到像任何其他行为的影响一样的问题。在这种意义上来说，跟人类其他行为比起来，艺术不应该遭受特别的诟病。想一想各种各样的物质和能源消耗吧，说到底，无论是制造和使用巴士、香肠还是油画，都没什么区别。无论如何，物质和能量总要被消耗掉，都会对环境产生影响。不过，我们需要评估，获得的价值是否大到足以证明资源消耗的合理性。

对物质和能源消耗的评估应该分成几个部分，最终，各个部分加起来应该覆盖待评估产品或者事物的整个生命周期，从创作、存活一直到终老，尽可能做到全面完整。

首先，我们必须评估艺术作品生产环节对环境的影响。画作或者环境艺术作品是用什么材料制造的？艺术家从哪里获得这些材料？它们是天然材料吗？如果是，又经过怎样的加工才使得它适用于艺术创作？如果艺术家使用黄金，那么，为了获得原料，就需要消耗巨量能源来采矿和精炼金属，会制造出难以置信的巨量垃圾。据估算，每生产一公斤黄金，需要消耗掉大约 54 万公斤自然资源。你必须怎样处理这些材料？毒素是不是必需的化学品？如果是，它们怎样(间接地)影响环境？需要消耗大量电力吗？电力又是怎样获得的？怎样转换成艺术家可以使用的形式？它是单独完成的，还是经过一系列工序才完成的？是一幅油画，还是印刷画，或是录音、影像或者网站？我们得分析分析每一个生产单元所消耗的资源，包括时间、金钱、能源、材料等。

其次，作品完成之后，它仍然会对环境产生影响。当一幅画悬挂在墙上的时候固然不需要消耗燃料或者洗涤粉，可是，一幅已经完成的艺术作品对环境的影响是跟它悬挂在什么地方有很大关系的。它要求怎样的收藏或者展览空间？这个收藏或者展览空间需要用什么物质资源来建造？如果把作品拖到别的地方展览，又需要消耗掉什么物质资源？在运输作品的时候，使用什么运输工具（用汽车、自行车，还是飞机）？需要消耗多少燃油？艺术作品需要其他维护吗？需要看守吗？需要保温吗？

再次，我们得想想作品的使用。如果人们只是随意看看他们偶尔碰到的作品，这样的行为似乎不需要消耗太多能源和物质。而且，一件作品能够供几乎无数的人观看，使用的材料很有限，而服务的却是一大群人。这是艺术相比其他许多消费品的优势。一辆乘用车只能给几个人使用几年，而一幅画或者一件环境艺术作品在数百年里供成千上万人观赏。

关于产品的材料消耗，应该根据产品所提供的服务来看。于是，材料投入因子（MI）就转换为每单位服务材料投入因子（MIPS）（Material Input Per Service-unit），即产品每一次服务或者一个单位服务所消耗的材料。假如说我们使用的是一把餐叉的话，这个很好估计，这时候的单位服务就是用餐叉把食物送进嘴里的每一顿饭。每使用一次餐叉，并不会消耗太多的自然资源，除非使用的是一次性餐叉。但是，《欢迎》这件作品的单位服务又是什么？仅仅是观看行为吗？也许还得采取某种特定方式去观赏？它是否就是你所设想的那件作品，是否就是你正在围绕它而写作一部环境艺术著作的那件作品？要回答这些问题不那么简单。

在分析艺术作品的使用情形时，你必须考虑，人们怎样走近它，欣赏它。人们必须通过这样那样的途径到达艺术作品陈列的地方。这通常意味着，人们要在物理空间里旅行到达展览馆或者博物馆。例如，我们无法准确计算出到底每年有多少人旅行去巴黎卢浮宫，为的只是观赏一下《蒙娜丽莎》以及其他同样享誉世界的画作，然而这个数字却是很有意义的。

最后，你必须考虑到，当艺术作品由于这样那样的原因不再被人们视为艺术作品的时候，又会发生什么事情呢？并非所有的艺术作品最后善终于博物馆或者私人家庭，由其收藏，永远受到人们的膜拜。艺术家本人的储藏间通常也不可能将它们保留许多年。如何将它们废弃、毁掉？哪些作品应当被当做有害垃圾处理？哪些可以丢到常规的垃圾堆放处？哪些可以焚烧？哪些可以当做废品回收再利用？哪些可以被转换成使用相同材料的其他什么东西？

对于每一件作品，对于作品生命周期内的每一个阶段，都需要分析它会产生什么样的垃圾、能量，资源是从哪里来的，是否使用了不可再生资源以及其他种种。你得想想，生产、使用、丢弃作品可能影响气候、水系、森林、土壤，影响人类以及其他生命形态的生存条件。

就每件艺术作品而言，上面所提到的问题都会得到不同的回答。生产、发行、使用、存储、报废的究竟是CD、即兴创作的剧院演出、畅销的精装书、铜质的雕塑，还是一幅油画，情况是很不相同的。它们的共同点在于都要消耗能源和材料，在每种情况下，你都希望这种消耗是有充分根据的。关键的问题是，有什么理由要把艺术作品的创作放在首要位置？离开了这些玩意儿，我们又会怎样？如果作品已经创作出来了，怎样才能把它对自然资源的消耗最小化？

到目前为止，艺术对环境的直接影响还不是十分突出，因此，我们有理由制造一点大的声响。思考与评估其对于环境的直接影响绝不是特别针对艺术的，而通过计算来处理这个问题体现的是自然科学思维模式，艺术不过是其补充而已。这样的计算并不会回答一件艺术作品为什么应该或者不应该创作的问题。它们也不会说明艺术的地位是什么，尤其是在环境讨论中。它是否具有自己的身份和任务？通过勾勒艺术对环境的间接影响，是否可以更容易地得到一个对这些问题的更好回答，即它对人们思考和行为方式的潜在影响？这些问题与本书最后一章将要讨论的艺术的责任问题也有联系。

3. 间接影响

在世界各地，大多数人都很关心环境问题，对其表现出浓厚的兴趣，因此，至少就人们的态度来说，环境事业已经显得非常重要。例如，根据欧洲委员会于2005年发布的一项社会调查《欧洲市民对环境的态度》①，超过70%的欧洲人表示，环境问题影响了他们的生活质量，而且，环境影响几乎跟社会和经济问题一样重要。在提及环境之后，如果询问他们想到什么时，多数人首先想到的是“都市和城镇污染”，紧随其后的则是“自然保护”。.

另外，人们并不一定十分清楚环境形势及其影响，仅仅54%的人认为自己在环境方面“知识丰富”，而就不同的问题来说，他们的知识层次则存在很大区别。人们觉得最缺乏了解的是“日常产品中所使用的化学制品对健康的影响”，超过40%的受访者认为他们对这个问题缺乏了解。此外，很明显，具有某种态度并不会真的使人采取相应的行动，养成相应的习惯，我们需要调整自己以便更加有利于环境。比如，仅仅5%的人愿意多交税金以便保护环境，仅仅8%的人表示可以考虑放弃轿车。原因可能仅仅是改变习惯的困难，但也是那些显然有害行为的诱惑。另外一个原因可能是人们对自己行为方式及其确切影响的无知。有49%的受访者怀疑其个人努力的作用，尽管他们有时候确曾为保护环境努力过。同时，人们难以认清宏观形势，难以判断前述一些互相矛盾的信息的真假，这也使得情况更加复杂了。

欧洲范围的综合调查也可以和一些专门调查结合起来。例如，一项全国性调查的内容就是关于产品上的环境信息是如何影响消费者的购买决定的。1996年，受芬兰全国消费者研究中心委托，玛

---

① 登录网站 http://ec.europa.eu/environment/barometer/pdf/report_ebenv 2005_04_22_en.pdf(Feb 8, 2007)可以阅读 *The Attitudes of European citizens towards environment*, *Special Eurobarometer* 217/ *Wave* 62.1-*TNS opinion & social*(European Comission, 2005)的完整版。

丽·尼瓦、伊娃·海斯卡宁与佩维·蒂莫恁曾经进行了一项名为“消费者决策过程中的环境信息”①的调查。这项调查的主要内容是关于产品包装上的环境标签是如何把产品的环境特征传达给消费者，以及如何影响消费者决策的。选择这个主题的原因是，早期研究清楚地表明，在做出购买决定时，关于产品对环境的影响，包装上的标签是重要的信息来源。不过，这项研究也揭示，包装标签所提供的环境信息既不够通俗易懂，也不够完整，要根据这些信息对产品进行比较很不容易。

一些跟踪研究表明，环境标签似乎没有什么作用，人们希望那些信息更加明白易懂些，多一些大家能够信任的中性信息。环境信息含糊不清，这也许至少是为什么价格和质量——人们认为其中不包含环境影响——仍然是人们作出购买选择最重要标准的原因之一，价格和质量信息比标签未能提供的环境信息更加重要。这项研究的一些参加者甚至认为，包装上的“环境思想”倒是可能成为消费者不购买产品的理由，因为这些信息也让人怀疑产品质量的低劣（Niva，Heiskanen & Timonen，1996，17）。

研究证明，“善待环境型消费习惯建立在顾及环境的动机基础上，而这样的动机已经先于选择情境而存在”，这一点很重要（Niva，Heiskanen & Timonen，1996，35）。如果消费者缺乏这样的动机，包装上的环境标签并不会把消费行为引导到环境友好型的方向。有必要重申，当动机已经存在的时候，环境标签信息并不能帮助消费者根据最可能的方式来行动。

与一些讨论环境问题的电视节目比起来，产品包装上的环境标签对环境的影响是间接的。在评估这些产品的影响时，问题的关键不在于这些计划、印刷、发行或者处理如何消耗了资源而加重了自然的负担，而更在于这些信息如何影响了人们的思维方式，进而影响其行为方式。那么，它们究竟如何通过影响人们的思维方式进而影响其行为方式，从而影响自然资源的使用呢？根据上文引用的研

① 英文版 *Environmental information in Consumer Decision Making* 是对始原芬兰语版的概述。

究，产品包装上的环境标签似乎没有如期带来积极的间接影响。它们既没有怎么激发某种行为方式的动机，也没有很好地引导那些早就萌生过保护环境动机的消费者。

4. 艺术的环境信息

尼瓦、海斯卡宁以及蒂莫恁的研究曾经分析过清洁剂和电池包装盒上的环境标签。并不是所有产品都会贴上明确的环境标签。一般来说，艺术作品不会粘上环境标签。话说回来，即使与作品有关的环境信息以特别的标签形式表现出来，它是否能影响消费者的选择，我们也很难肯定。而且，我们这里所说的选择，究竟是观看、聆听，还是购买？因此，艺术作品对环境的间接影响必须通过另外的方法来评估。

一般情况下，不管我们讨论的是艺术还是其他方面，我们都能够想到，人们做的有些事情明显会破坏环境，而有些事情则是有益的；有些事情会引发环境问题，但有些事情却不会。就直接影响来说，行为的有害性在某些情况下是相当容易评估的，至少可以指出来。然而，就间接影响来说，仅仅作出有害与无害的区别还不够，我们需要进行更详细的区别。

如果要在艺术作品中寻找一个与产品包装上的环境标签大致等价的东西，你可能必须找到某个角度，环境问题一般通过这个角度被阐发出来，成为主题。因此，我们是在思考，环境思想是不是在材料、主题内容或者其他什么东西中表现出来了。

显然，从这种意义上来说，大多数艺术与其他产品一样，对环境问题很麻木。很少有艺术作品有意阐述环境问题，并贴上“环境标签”。对于大多数艺术作品来说，关键的事情不是探讨环境问题，而是讨论与以往艺术有关的主题内容或者处理方法。然而，这并非意味着这些作品就没有任何间接的影响。影响之一且不合时宜的是，它们麻痹人们，使他们变得漠不关心。就这点来说，我们有必要强调，希望不是所有艺术作品都参与环境宣传。

在艺术中，除了环境问题之外，还有其他一些重要的事情需要考虑。在此，我们讨论的是，如果我们从环境问题的角度来探讨艺术，又会出现什么？在什么时候从环境问题的角度探讨艺术才是有意义的？这是值得思考的。有时候，环境问题的角度是没有意义的。

可以说，那些鼓励甚至煽动环境破坏行为的艺术作品也对环境具有不合时宜的间接影响。在这些作品中，不顾一切地浪费自然资源的行为不仅没有受到任何批评，倒是得到热情吹捧。约翰·兰蒂斯的《布鲁斯兄弟》(1980)从许多方面来看都是一部另类而喧嚣的影片，其中充斥着对鲁莽无畏的超速驾驶和油老虎汽车的理想化，这是需要加以批判的。哪怕是对于车祸的描绘，我们也只看到了不可否认的华丽审美维度。在影片中，车祸得到了审美所要求的舞台化处理，这与雅克·塔蒂的《车祸》(1971)如出一辙，这种行为丝毫没有顾虑这种舞台化处理所带来的消极影响。

当艺术作品的间接影响真正地危害环境时，它所制造的麻烦是显而易见的。可是，如果一部影片放肆地展示超速驾驶，那么，什么时候它是在将超速驾驶理想化？什么时候是在批判或者讽刺超速驾驶？什么时候它又是完全不同的其他东西？这个问题与艺术中有关暴力和色情的问题非常相似。当影片中大量表现暴力场景时，什么时候是在批判暴力？什么时候是在宣扬暴力？当然，如果艺术作品唤醒了人们的环境意识，提高了人们对环境破坏问题的觉悟，阻止了一些破坏环境的行为，它就是一部伟大的作品。这种作品才真正称得上贴了“环境标签”。一部艺术作品可能最初显得有害于环境，可是经过更仔细的审察以后，却发现它其实是在批判它所描述的现象，也许是通过讽刺的方式。但是，这种情况究竟是在什么时候发生的？例如，我们应当怎样理解蚂蚁农场创作小组的《卡迪拉克牧场》(1974)？它是在埋葬汽车文化，还是在为其竖立纪念碑？我们也有必要思考，一些路边艺术本来是以批评的眼光看待车祸的，结果是不是沦落成了旅客们的谈资和笑料？例如雅克·希曼宁、耶尔·洛咋莱恁和约尼·萨波拉的《安全地带》(2000)，作品位于列帕弗塔5号高速公路停车休息区附近，是由一些搭架在一大片突出岩石上的从损毁汽车上取下来的安全带构成的。

蚂蚁农场:《卡迪拉克牧场》(1974)

雅克·希曼宁、耶尔·洛咋莱恁、约尼·萨波拉:《安全地带》(2000)

艺术的模糊性与其开放性密切相关,本书第一部分曾经就此进行论述,艺术作品允许进行多种解读,有时候甚至是互相矛盾的解读。怎样解读才最贴近作品,仅仅靠观看做品是不能揭示出来的。你也得去作品周围看一看、听一听,深入了解作品的环境。

5. 艺术作品与其环境

《欢迎》并没有作为一件贴上特别生态标签的作品而立即打动你。作品的其他主题也显现了出来，并且表现得很好，这就使得它不致沦落为单维的作品。在研究这件作品时，你不能把哈库里所说和所做的其他事情排除在外。他的言行也是对作品产生影响的环境的一部分，作品的观众也是如此。在环境艺术中，对上下文语境尤其应当进行这样广义的理解。它是作为整个复杂的环境而存在的，其中一些部分可能凸显出来，例如艺术家。基于这样的原因，我要在本书中引用哈库里的评论。他曾经在一次访谈中这样说：

> 我想，歇斯底里式的持续增长与消耗行将走到尽头，对环境的掠夺式开发也将如此。我们必须做点儿什么了。我们必须想办法遏制消费。对于我来说，重复利用、增加保护区、降低波罗的海污染、使用环境友好型材料以及促进可持续发展都有各自的价值(Hakuri & Naukkarinen，2001，13)。

在艺术中以及艺术家、借助艺术说了什么与做了什么，不一定出于同样的动机。可是，要说艺术家的言论和行为互相不产生影响，那简直不可想象。如果你知道一位艺术家在评论中强调什么样的价值，那么你在评论他的作品时，也要考虑到这些价值。也许这些价值并不显豁，可是无论如何，它们都作为相关的问题隐含在作品里。有意思的是，作品有可能与其创作动机互相矛盾，甚至质疑其动机。那么，《欢迎》和环境问题之间究竟存在着怎样的潜在联系？

这件作品包含回收材料，但不仅仅是回收材料。这可能会促使你去反思自己的消费习惯。果真如此的话，作品就对环境产生了积极的间接影响，尽管这并不是作品的主要意图。

作品的其他主题则以更加晦涩难懂的方式与环境影响发生关

联，而采取晦涩难懂的方式正是艺术的特点。作品的其他主题之一是暴力冲突，这是通过那些散落着弹壳的球表现出来的。最基本的问题是，作者想要通过这些东西表达什么。是什么原因使得一个人要杀死另一个人，去终结一个故事，而不允许所有的可能性都得以展开？就最近几十年的情况来看，最普遍的回答可能是中东危机中的石油，这一危机波及全世界，致使战争发生的(部分)原因是谁得到了石油，谁希望卖出石油，石油卖给了谁，以什么价格卖出等。根本的原因是，石油尤其为汽车运输所需要，而且需求量在不断上升。这使得我们反过来又去思考技术文化的发展，正是这样的发展把我们带到了一个由内燃机驱动的世界，也许这也是《欢迎》所要表达的。

再者，作品所表现的冲突也许应当从更广泛的意义上理解。哈库里所说的似乎倾向于这样的方向，即我们只管做任何能够促进经济增长的事情，却不顾及行为对环境或者其他方面产生不利影响。如果情况确实如此，那么，我们所选择的简单直线和其他选项之间的冲突就在所难免。损失之一将会是人们普遍丧失对环境形势的关切。就《欢迎》这件作品来说，艺术是促使人们保持这种关切的一种尝试。因此，即使弹壳出现以后，卷拢的纸带依然在更平顺的方向展开，至少直到下一个带刺铁丝球把它压下来，它总是如此。如果作品唤起了这种思想，我们必须说，它的影响是针对观众的环境思想。

有趣的是，《欢迎》也暗示了银河系的空间，在那里，人类所有的问题都不成为问题了。地球是不是由于交通或者其他什么被污染了，这个问题无关紧要，整个地球的存在都无关紧要了，它只不过是无限空间里的一星尘埃罢了。人们不知道怎样在宇宙空间里存在，他们只是在自己有限的生命跨度里行动、感受、思考。有时候也许能够稍稍地超越，但是大多数时候都局限其中。尽管作品暗示了宇宙的尺度，可仍然在诉说着与作者位置有关的东西。那会带给体验者怎样的感觉？这样一个让人思考无限空间的通路就是那个让我们得以远离纠缠不休的纷扰而获得片刻安闲的所在吗？这也可以看做是艺术的功能之一。

各种艺术作品对环境的间接影响显然具有很大的想象空间。当然，在不同的艺术观众那里，这些影响都彼此不同，这恰恰是艺术在环境讨论中的角色。它促使人们去思考、批评，但并不一定能解决问题。它使事情变得具体有形，让人感觉到，但并不告诉人们怎样去做。它可能冒着造成环境污染的风险去表现美，或者表现其他类型的视觉冲击力，有时候它还追求自己的独立性，发表自己对一些问题的看法。总之，艺术拥有许多机会，至少是有机会提出环境问题，在人与环境之间建立起情感关系，激发人对环境的好奇心。同时，由于艺术又强调环境的审美一面，在尤金·H. 哈格罗夫等人看来，环境艺术因此就成了环境保护的关键起点。他认为，在美国，威廉·亨利·杰克逊的摄影、托马斯·科尔与弗里德里克·埃德温·丘奇的绘画对于人们形成谨慎周到的环境观起到了重要作用(Hargrove，996，chapter 3)①。

有时候，艺术确实尝试解决一些环境问题，或直接或间接地解决问题。也许，在全世界范围内，致力于具体工程以改善环境状况的最著名艺术家要算海伦·梅耶·哈里森、纽顿·哈里森、弥尔勒·雷德曼·乌克勒斯以及梅尔·契恩等人了，苏·斯佩德把他们称为生态修道士。哈里森夫妇主要致力于污染与过度使用等水系统问题，他们与世界各地多个学科团队一起工作，共同解决现实生活中与水的使用有关的问题。维特恩格也从事着相同领域的工作。乌克列斯与其他学科的一些专家一道集中精力解决纽约以及其他一些大城市的污水问题，想办法降低水资源的浪费。梅尔·契恩设计了一些能够清洁污染土地的艺术作品，德国人乔治·戴兹勒也是这样②。

---

① 除了 Hakuri 之外，其他芬兰艺术家如 Lauri Anttila、Outi Heiskanen、Kimmo Kaivanto、Jussi Kivi、Pekka Nevalainen、Erkki pirtola 等人在最近几十年的作品或者著作里都提出过环境问题，读者如需了解有关情况，可以参看 Eija Aarnio & Marja Sakari(2006)，也可以参看芬兰语著作如 Hanna Johansson (2005)以及 Leefla-Maija Rossi(1999，105~123)。

② 读者若想了解该艺术家的更多情况，可以参看 Nina Felshin(1995)、Sue Spaid (2002)以及 http：// greenmuseum. Org(Feb 10，2007)等大量网站。

乔治·戴兹勒:《自行降解的实验室》(1999)

艺术对环境的直接影响不应当被低调处理，必须像其他影响环境的具体行为一样。比起间接影响来，直接影响能够轻松地查实，这是优势。不过，直接影响总是局部的，而间接影响总是观念性的影响，无论是就地域还是时间来说，都影响久远。当然，随着范围的扩大，影响的精确性下降了。

至此，我们已经非常接近艺术教育学的问题了，艺术是不是一种培养更多关注环境、对环境负责的人的方式？如果是，我们怎样才能证明，艺术教育在以我们所希望的方式起作用？艺术教育与其他教育形式的关系怎样？不过，就本书所应该涉及的范围来说，这些问题扯得远了点儿，自然不能在此赘述①。

---

① 学术界讨论过有关艺术教育学的问题，一部分学者尤其关注环境艺术教育问题，读者可以参看 James L. Hoot G Margaret L. Foster(1993)，Arthur D. Efland, Kerry Freedman & Patricia Stuhr(1996)以及该领域的刊物如 *The Journal of Aesthetic Education* 等。

七、艺术的责任

1. 从旁观者到积极的参与者

的确有许多环境问题需要我们注意，但是，我们究竟为什么要在关于艺术的谈论中提出这些问题呢？我们应该在其他地方解决这些问题吗？对于这个问题，许多人无疑会衷心地回答“是”；可是，我的看法倒是与众不同，找到解决办法也是艺术的责任，艺术家和观众都有这份责任。这种看法来源于承担责任的社会行为艺术观。环境问题就存在于环境艺术特别热衷的那些问题里①。

问题的根本在于，我们无法逃避各种各样的严重环境问题，无论我们是否积极地参与问题的解决。我们所做的每一件事都是具有全球性影响的庞大网络的一部分。如果我们选择闭上自己的眼睛，坐等别人一劳永逸地解决所有问题，那将不可能有任何改变。比起作壁上观来，尝试做点儿什么要好得多。尝试的确会有风险，可能把你带到没有预见到的方向，不过，我们还是不得不尝试做点儿什么。不去尝试也是一种选择，就污染问题来说，尝试很可能导致更加糟糕的境地。

---

① 行为艺术有时候被用来指这种现象。它包括许多互相交叉的形式，行为环境艺术专注于环境问题，行为政治艺术专注于政治问题，行为宗教艺术专注于宗教问题，尽管环境问题本来也是政治问题。这些领域的共同之处在于，它们都越过了艺术的边界，不局限于纯粹艺术活动，而把艺术当做社会争论的工具。行为艺术现象的出现也许像艺术一样古老，不过，作为对珍视艺术纯粹性的现代艺术思想的反动，行为艺术运动开始于 19 世纪六七十年代。参看 Felshin(1995)、Lacy(1995)以及 Kester(2002)。

尽管环境、公平、经济以及其他问题纠缠不休，不可能完全理解，也并不是所有问题都能得到完全的解决，但这并不意味着我们就不应当努力部分解决。首先，由于几乎没有专家精通整个这一系列问题，我们都在自己的专业领域和自己的生活中负有个人的责任。任何人都不是免责的。我们都明白行为的后果，都要对自己的行为负责。其次，我们应当树立这样一种观念，即我们尝试解决的问题不是一下子冒出来的，而是逐渐显现出来的。毕其功于一役的想法是不切实际的。所有这些都既适用于艺术家，也适用于观众。

在此，我所说的责任是指不断对自己行为的后果进行评价，根据其导致情况变好而不是变坏的可能性作出选择。因此，在坏事已经发生之后，再来谈责任问题就很可笑了。如果由于疏忽大意的操作或存储，有毒物质污染了一条河流，导致鱼类和蔬菜死亡，从所造成危害的意义上来说，是谁也负不起这个责任的。损失几乎是无法弥补的。固然可以采取法律和经济行为修补，可是，巨额罚金也好，将当事人打入监狱也好，都不能够使鱼类和蔬菜起死回生。同样地，如果某件艺术作品的买家或者艺术家喜欢那些包含有害物质的作品，或者产生了不必要的交易，在创作完这样的作品或者做完交易之后再来谈责任的问题就没有意义了。责任更多地体现在预先就不要创作或者购买这样的作品。当然，这并不是说我们不需要把损失减小到最低程度，并尽可能挽回损失。

责任很少是个人的，尽管我们都对自己的行为负有责任。责任是一个跟许多个人相关的大范围问题。责任有部分责任和完全责任之分。我吃着鲜嫩可口的牛羊肉，由于这样的食物比一份蔬菜馅饼要消耗多得多的水和能量才能生产出来，可能加剧养殖场附近湖水的富营养化，我首先就要对自己的食肉行为负有责任，而推动这一事件发生的整个社会结构则共同负有责任，牲畜养殖、农业补贴、屠宰业、超市营销概莫能外。在艺术生产和消费中也存在着类似的多向责任网络，其中包括艺术学校、艺术品生产商与经销商、评论家以及其他与之有关的每一个人。这种复杂性使得整个网络结构得到了强化，比起保持甚至加强这一结构来，改变它则要困难得多。

不断地思考自己的责任，并且在自己的行动中去履行责任，这自然是一种苛求。我们常常缺乏恒心或者热情，难免半途而废。一直追求善、反思问题和责任往往使你生活得非常辛苦。然而，这还是没有免除我们的责任。就算我不受其影响，或者不敢反对那些无济于事的解决办法，我也对它们负有责任，除非我采取积极的态度。责任的存在意味着，由于我的行为或者过失，发生了或好或坏的后果，而我对此有清醒的认识。

你只要稍微推理一下就能发现，你接下来要做的事情必然伤害自然，造成全球的不平等。我从附近杂货店里买来的许多水果都很便宜，因为都是集中种植的，人们没有注意到种植方法给环境带来的破坏。比起我的工资来，种植场雇工所得工薪微薄，大家也忽略了水果运输给环境带来的损害，因此，即使是从地球另一边运过来，仍然利润可观。可是，我别无选择，况且这些水果总是最便宜的。当你在自然价值和他人之间作出选择时，也会出现类似的推理结果，这决定了你在多大程度上是一位人道主义者，毕竟，把他人的需要看得还不如自然界的污染那么重要，这也是一种不平等。或者，反其道而行之？尽管这样，却很少有人打算面对来自这种结论的要求，并且付诸行动。严格说来，这可能要求放弃我们已经觉得稀松平常的所有习惯。可是，唯一的办法只能是绝对的节俭吗？比如，我们是不是应当完全放弃艺术，而由彻底的环境保护论指导我们的生活呢？

2. 作为美德的责任

责任可以看做亚里士多德式的美德。在《尼各马可伦理学》中，亚里士多德详细阐述了所有行为的目的都是为了达到善。在亚里士多德看来，我们最终追求的善就是快乐。反过来，只有过一种“遵循或者暗示了理性原则”的生活，才能得到快乐（Nicomachean Ethics, Book I, Chapter 7, 1098a）。在亚里士多德看来，人的特点是找到行动的理由，人们必须尽可能地为自己的行为寻找理由。因此，快乐而富有美德的生活必须建立在理由的基础上，而生活也只有当它富有美德时，才会是快乐的。确实，亚里士多德也承认，仅仅有美德并不一定足以带来快乐，因为快乐可能被我们一些偶然不受约束的行为所妨碍。不过，亚里士多德认为，美德的生活建立在理由的使用这个基础上，我们必须努力争取并且付诸实践。并不是任何人都自然地具备美德。对于亚里士多德来说，美德不是与生俱来的能力或者朴素的情感，而是一种要求进行训练与提高的品格，是一种正确行事、做好事的倾向性。

在亚里士多德看来，美德尤其体现在我们对待快乐和痛苦的态度上。在此，问题的关键是，一个理性的人应当采取的正确态度是怎样的。对于亚里士多德来说，正确的态度就是采取中庸之道，过于勇敢或者过于恐惧都是不合适的，这些都说明我们的态度没有受到理性的指引。快乐也是如此，过于快乐或者过于不快乐都是不合适的。一个有美德的人勇敢却不鲁莽、胆怯。有美德的人也具有适度的自豪感，他们不会空虚无聊，也不会过于谦卑。他们富有机智，却不至于像小丑般滑稽，像农民一样粗野。(NE，II，7，1107b~1108b；W. D. Ross 译)背离中庸之道是有害的，我们应当努力避免。“美德与激情和行为有关，过度是一种失败，因而是一种过失，而中间状态受到赞扬，是一种成功。”(NE，II，6，1106b)

亚里士多德的思想建立在这样一种观点基础上，在某种情况下，存在着许多选择，你因为自己的选择要么是美德的，要么是堕落的。在没有选择的时候，就不存在美德与堕落的问题了。我是不是表现出慷慨，这反映了我的品格与德行。我个子高还是个子矮，则不反映我的品格与德行。美德跟那些你能够选择做或者不做的事情有关，而跟碰巧发生的事情无关。

在亚里士多德看来，美德以及体现美德的选择建立在知识而不是机缘的基础上。如果我不知道制造黄金需要消耗大量物质和能量，我无意之间决定选择水彩画而不是镀金画，这不能看做美德。但是，如果我清楚地知道这一事实，却仍然选择镀金画，那么我就可能因为自己的堕落而受到非难，我应该对自己的行为负责。(NE，III，1，llla)为了让自己能够作出美德的选择，我们应该主动消除这种无知状态。因此，如果我们希望追随亚里士多德，就应该预见材料选择以及其他艺术活动的后果。所有这些都与美德能够被培养这一公理有关，我们能够学会作出正确的选择。

即使还不了解亚里士多德伦理学的整个体系，我们也可以说，责任可以看成一种美德，负责任的生活要求我们作出选择，并且理解自己所作选择带来的后果。一般来说，选择与快乐和痛苦、喜欢和不喜欢等有关。完全按照亚里士多德劝告的中庸之道行动可能不利于自己的健康，然而，我们应该能够把它们与既利己又利人的某种方式联系起来。

可以说，责任建立在这样的基础上，即找到自己力所能及的事情，正确评价已经掌握的信息，进而决定孰对孰错，并且采取相应的行动。我们难以断定，究竟需要多少信息，才能据以采取行动，然而我们还是得假定，这样一个临界点是肯定能够达到的。当然，我们可能很难区别知识与假想，我们所拥有的信息可能是虚假的。可是，我们不得不假定，知识的观念是可能的、可行的。如果没有知识，我们既不能作出合理选择，也无法对正确与错误作出评价。至少，我们必须相信，有些东西是真的，有些东西是假的；哪些是我知道的东西，哪些是我不知道的东西。

责任是可以学会的，而不是与生俱来的。责任是不是一定能够使你生活得快乐，则另当别论，在此不能详述。我们完全可以说，责任不能担保你得到快乐。至少，我们几乎无法从责任中获得舒适悠闲的快乐①。

3. 在不确定性中作出选择

大约在亚里士多德两千年以后，美国哲学家约翰·杜威强调，生命就是不断地与环境互相作用，并且不得不去解决由此引起的问题。因此，在这个世界上，我们必须尽力行动。但是，我们的行动不能与思想或者情感分离开来，它们是同一种交互作用的不同方面。杜威主要是一位哲学家，可是，他却积极地尝试除去自己身上那些一再受人攻讦的学究习气。杜威认为，我们不应当把哲学看成

① Alasdair Macintyre(1981&1999)等人发展了Aristotle的美德伦理学。Juha Sihvola(1998)对其研究在芬兰的开展有所贡献。

严格地从日常生活分离出来的富有教养的“纯粹理性”形式。为什么事情往往如此，原因在于我们企图消除所有的不确定性和意外的惊奇(Dewey，1984，passim)。

实际上，绝对的确定性之类的事物是不可能存在的，我们所能够做的只是尝试控制和理解事物。在真实世界里，事物总是充满了风险，我们无法完全消除这种风险，甚至无法预见。在努力排除风险时，我们尝试建立一个完美世界模型，它仅仅包含那些能够被理解和预见的因素。在杜威看来，这些尝试导致了宗教和绝对哲学体系的产生。复杂的事情被简化，以便使其变得易于理解。如果事情就像手头不多的几块积木的话，我们可以假定自己已经实现了很好的控制。只有在简化过程之后仍然保留的因素才是必要的。杜威认为，把对一个人自己思想体系的理解和对世界的理解与控制混同起来，是错误的想法。哲学家们仅仅敢于听从启蒙运动的“敢于知道”，在一定程度上，你仅仅“敢于知道”那些你以为确定的事情。

为了避免走到另一个极端，也就是避免那些依靠运气和无端猜测的行为，我们应当追求最大的确定性。同时，为了避免依赖盲目的细节堆砌和折中主义，对整体的理解也是值得追求的目标。我们应当努力理解局部之间的关系及其在整体、历史或者其他局部中间的位置。折中主义固然是一种威胁，不过，在杜威的哲学中，比起对折中主义的歇斯底里式恐惧和对确定性的强迫症式追求来，折中主义的危险度要低得多。要求无休无止地提升知识的程度，这不适于解决急剧的危机，你必须立足于现有知识立即行动起来。企图达到最大的确定性往往会造成不好的后果，这方面最典型的例子是南非艾滋病危机。在21世纪初，这个国家有四千三百万人，其中大约百分之十的人HIV检测呈阳性。目前，这一比例仍在继续上升。部分原因在于，政府希望在获得更多的信息以后再作出决定，没有采取措施阻止艾滋病的扩散。同时，也由于政府对措施的效果没有十足的信心。(Merikallio，2001)就艺术来说，问题很少严重到生死攸关的地步。可是，其中存在的确定性问题是相似的。比如，你永远不可能百分之百地确定，你艺术作品的环境影响能够经得起最仔细的审察。

杜威认为，要求我们的价值——也就是关于对与错、善与恶的观念——能够得到证明，使得它们绝对、永恒、普世，那是非常有害的。因为，不存在普世价值之类的东西，不存在能够滴水不漏地加以论证的普遍的善，再说开去的话，最坏的推理可能是，连“价值”之类东西都根本不存在。在杜威的思想中，价值倒是在与环境的相互运动中有机地形成的，在具体条件下形成的，在解决问题时形成的。正是在我们积极尝试促进善的事物、阻止恶的事物之时，“善”与“恶”才具体形成。它们体现在实际行动中，体现在我们试图通过自己的行为去促进或者阻止的东西中。很多事例告诉我们，最好是好的敌人。如果一味地追求最好的层次，你可能连好的层次都达不到。

在杜威看来，所有行为的最终目标是让“好的事物”也就是有价值的东西产生出来，使它们在现实生活中涌现出来。什么是“好的事物”？自然会存在争议。杜威认为，我们讨论的并不是完全个人的、愉快的情感体验；因此，只有在公开的讨论中，关于善的观念以及可能的理由才会涌现出来。杜威也讨论过客观、公平、公正和判断形式的内在一致性，还要求哲学思想提供其有用性的客观证据(Dewey，z984，38，55)。当然，上面所列出的标准都可以进行不同的解释。不过，一旦涉及评价道德判断的一般原则时，它们往往都是一样的。简单地说，善就是你可以公开合理地认为想要的东西，值得赞扬和追求的东西。人们的意见不可能达到完美的全体一致，那也不是一个切实可行的目标。况且，我们无法永远清楚地向人描述我们认为好的东西，只要它在我们的行为、技巧、能力中留下的一处痕迹，就足以把我们的想法传达给别人了。

4. 众人之中的艺术家

孰对孰错，孰好孰坏，我们几乎无法作出最后的回答①。答案

① 当然，历史上不乏回答这些问题的尝试，欲了解有关情况，可以参看 William K. Frankena(1973)等。Dewey 的研究与实用主义传统有密切联系，Russell B. Goodman(1995)与 Louis Menand(2002)对此有长篇论述。关于艺术、美学与伦理理论之间的联系，参看 Christoph Wulf(1994)及 Jerrold Levinson(1998)。

总是有赖于情境，要求不断地进行评估。作出选择并且主动承担责任总是有风险的。经过再三考虑之后提出来的解决方案，实际上却提供了许多并不适合的方法。但是，除了竭尽所能，尝试提供一些新观念，发现事物的真相之外，我们别无选择。毕竟，机遇总是伴随着风险而存在。什么态都不表也是一种回答，不过，这样就把责任推给了别人，绝对不可能对事情的好转起任何作用。没有行动等于闭上双眼，置之不理，听任形势朝着错误的方向发展。

我们必须明白，责任并非要求我们对对与错、好与坏有始终一致的看法。责任只不过意味着对你自己行为的后果有清醒的认识，知道有好与坏、对与错的区别，无论其具体内容是什么，只要你主动追求的是善。可是，这并不意味着，任何关于对与错的观念都没有得到大家的赞同。我们需要讨论和辩护，以便调停各种各样的观点。什么是"善的"，比如说责任通过什么形式表现出来，是很难说清楚的，连亚里士多德和杜威都没有作出确定的回答。

杜威强调事物的不确定性，倒是确定无疑地让我们看到了事物的梯度和不同事物之间的灰色地带，事物的性质是存在一系列不同程度的。我们无须认为只有确定的行为才体现了完全的责任(公正、善良)，而任何其他行为都是不负责任的(错误、有害、低劣)。我们无法从根本上区别这两者。追求完善的知识是不可能的，承担完全的责任也是不可能的。可是，我们必须能够相信有些事情是对的，并且愿意公开捍卫自己的观点。我们必须敞开心扉去讨论，为什么哪些东西是好的，这也是责任的一部分。即使对整个问题提不出完美的观点来，我们也要敢于参与讨论。

杜威本人树立了一个榜样，他打破了哲学的边界，就他自己知识所涉及的问题都进行过评论。他没有把自己局限在经院式的理论研究中，而积极地发展教育理论，出版政治评论，加入各种各样的协会，参加公众游行活动，逐渐形成自己的意见。杜威也熟知各种各样的社会制度，他曾经在日本和中国度过一段时间，到苏联参观过。不仅其哲学是整体性的，他也根据自己的信条来行动。同时，他还表明，哲学是整体的一个关键部分，正如任何其他行为一样。艺术也是如此，比如，艺术家或者艺术研究者不可能仅凭一己之力而拯救波罗的海，但是，我们可以通过自己的行为促使事物朝着积极的方向发展。

你若是认为每个人都希望参加到全部讨论中，或者都支持同样的辩护，那就太天真了。你会发现，通过说教让撒旦皈依基督教，那有多么困难。无论基督教的美德多么富有说服力，那些说教终归都是徒劳。我们只能独善其身而已。而且，一定不要妄想经过讨论能够得出所有人都赞成的结论，实际上，哪怕得到多数人的赞成都很困难。可以说，不管其观点如何，企图找到一种给每个人都带来根本利益的解决方案，这种想法即使不是完全的集权和专制，也是十分可疑的。理性的讨论不能明确地证明你怀有强烈的责任心。不过，那倒是一种切实可行的操作原则，可能也是一种美德。

对于发生在周围的一切，艺术家和其他每个人一样，都从他们自己的角度负有责任。当你在创作艺术或者进行艺术品交易时，你必须明白你的行为给自己以及周围环境带来的后果，并且准备随时公开证明你行为的合理性。这时候，使用词语的技巧就比行动的能力更加重要了。

艺术家以及其他从事艺术行业的人们都拥有一份共同的特殊责任。他们对世界上存在着艺术这一事实负责，他们应当告诉世人，是什么让艺术具有意义。在此，责任并非意味着一个劲儿地把问题揽到自己身上，并且去解决问题，尽管我承认我在前面非常强调这些问题。因为，你不应当忽视这样一个要求，即艺术也应当娱乐。因此，请放松点儿，让艺术成为好看的、有趣的，或者难看却迷人的，从情感上和理智上促使你忘记那些问题。并不是每件事情都那么生死攸关，即便如此，我们也应当学会一笑置之。背负太多的责任而缺乏游戏的态度，会让我们变得十分无趣。

至此，我们以饶有兴味的方式探讨了艺术的各种职责，可是，并无任何迹象表明艺术正在衰落。在现代社会，艺术比以往任何时代都更加繁荣。不过，我们只是更大整体的一部分，在思考艺术时，我们必须追问自己，什么东西是必需的，什么东西可能并不需要。也许，环境艺术尤其适于探讨这个问题。

结　　语

环境艺术同时属于两个不同领域，它们互相交叉。当我们讨论环境艺术的时候，我们应当既把它放到艺术话语中，也放到环境话语中。事实上，任何艺术都可以放到这两种话语中，只不过环境艺术尤其应当如此。

一方面，我们应当能够理解某件艺术作品和其他艺术的关系，它看起来像什么？应该采用哪些准确的术语描述它？它继承了什么？又革新了什么？为什么要这样？对这些问题的回答取决于文化、时代、个人以及为进行比较而选择的艺术类型。对于某些人来说，讨论艺术所引起的体验很重要；而对其他人来说，讨论与主题有关的材料与形式则有意义得多。有的人追求完美，有的人则希望看到从未见过的东西。就环境艺术来说，人们强调三维性、空间性、场所等方面。无论对艺术创作者还是欣赏者来说，最关键的是要能从中看出自己的艺术观，及其与其他艺术观的关系，在具体语境中知道如何证明自己观点的正当性。

另一方面，能不能把艺术看做环境因素，看作艺术边界之外的环境话语的一部分，这很重要。今天，环境论题常常成为环境难题和环境保护的中心，因此，人们很自然地把艺术和这样的语境联系在一起：艺术是怎样影响环境的？当然，我们也可以把环境看成科学研究的对象、工业原材料的来源或者历史遗迹的集合。再者，有必要鉴别你自己和别人的环境观，有必要理解你希望借助哪种风格的环境话语来鉴定你所创作或者遇到的艺术。我们可以设想，对于迈克尔·海泽，或者对于玛雅·卡内尔瓦、大卫·纳什、玛丽亚·维卡拉来说，答案是不同的。

我们可以说，环境艺术的责任之一是使人们对环境形势和个人与环境的关系更加敏感。没有人能够对环境作出全面的解释，不过，我们仍然可以激发人们去深刻反思各种观点，使他们意识到这样一个事实，即事情不一定非得如此，艺术本来可以取得更多的成就，并且有充分的理由取得更好的成就。

玛雅·卡内沃：《无题》(2003)

显然，对《欢迎》或者任何其他艺术作品，除了正统的讨论方法之外，还可以采取更多的讨论方式。可供选择的方法有多种，有的令人着迷，有的令人不快，有的则玄妙空洞。有的讨论激起了大量反响，有的则无人问津，将来某个时候也许会流行起来。总而言之，讨论本身就是非常重要的。它是思想和行为方式之一，既有其内在价值，也因为对其他思想和行为方式产生影响而同样具有价值。

最后，我希望每个人都认识到，我们所讨论的基本上是那些既产生了艺术观，也产生了环境观的方面；我们所讨论的既是艺术，也是环境。我们应该努力提高自己在负责任的讨论中的技能。如果我们不能就艺术与环境状态提出自己的观点，毫无疑问，一定会有其他人取得成功。

参考文献[1]

以下列出的只是本书直接提及的印刷文献。网络文献在每章之后的注释中指出。间接影响本书写作而没有直接提及的文献，未予列出。

AARNIO, Eija & SAKARI, Marja (eds.) 2006: *Landscape in Kiasma's Collections*, Museum of Contemporary Art Kiasma, Helsinki

ADORNO, Theodor W. 1970: *Ästhetische Theorie*, Gesammelte Schriften, Band 7, Herausgegeben von Gretel Adorno und Rolf Tiedemann, Suhrkamp

ARISTOTLE 1908: *Nicomachean Ethics*, translated by W. D. Ross, Clarendon Press

BARNS, Annette 1988: *On Interpretation*, Blackwell

BEARDSLEY, John 2006 (1984): *Earthworks and Beyond* (fourth edition), Abbeville Press Publishers

BEARDSLEY, Monroe C. 1988 (1966): *Aesthetics From Classical Greece to the Present*, The University of Alabama Press

BECKER, Howard S. 1982: *Art Worlds*, University of California Press

BERLEANT, Arnold 1992: *The Aesthetics of Environment*, Temple University Press

—2005: *Aesthetics and Environment*, Ashgate

BIJVOET, Marga 1997: *Art as Inquiry*, American University Studies, Series XX, Fine Arts, Vol. 32, Peter Lang

---

① 本书中的参考文献源自英文原版，因此保留原来的风格，译者。

BLOCK, Ned, FLANAGAN, Owen & GÜZELDERE, Güven (eds.) 1997: *The Nature of Consciousness*, The MIT Press

BOOTH, Wayne C. 1988: *The Company We Keep*, University of California Press

BOWIE, Andrew 1993 (1990): *Aesthetics and Subjectivity*, Manchester University Press

BUNNIN, Nicholas & TSUI-JAMES, E. P. (eds.) 1996: *The Blackwell Companion to Philosophy*, Blackwell

CARROLL, Noël 1988: "Art, Practice, and Narrative", *The Monist*, Vol. 71, No. 2/1988

—1994: "Identifying Art", in Robert J. Yanal (ed.), *Institutions of Art*, The Pennsylvania State University Press

—1999: *Philosophy of Art*, Routledge

CARLSON, Allen 2000: *Aesthetics and the Environment*, Routledge

CEMBALEST, Robin 1991: "The Ecological Art Explosion", *ARTnews*, Vol. 90, No. 6/1991

CHATMAN, Seymour 1978: *Story and Discourse*, Cornell University Press

CRESSWELL, Tim 2004: *Place*, Blackwell

CROWTHER, Paul 1989: *The Kantian Sublime*, Oxford University Press

DANTO, Arthur C. 1981: *The Transfiguration of the Commonplace*, Harvard University Press

—1982: "Narration and Knowledge", *Philosophy and Literature*, Vol. 6, Nos. 1-2/1982

DAVIES, Stephen 1991: *Definitions of Art*, Cornell University Press

—2006: *The Philosophy of Art*, Blackwell

DEWEY, John 1984 (1929): *The Quest for Certainty*, The Later Works, Vol. 4: 1929, edited by Jo Ann Boydston, with an introduction by Stephen Toulmin, Southern Illinois University Press

—1987 (1934): *Art as Experience*, The Later Works, Vol. 10: 1934, edited by Jo Ann Boydston, with an introduction by Abraham Kaplan, Southern Illinois University Press

DICKIE, George 1974:*Art and the Aesthetic*, Cornell University Press
—1984, *The Art Circle*, Haven Publications
EFLAND, Arthur D., FREEDMAN, Kerry & STUHR, Patricia 1996: *Postmodern Art Education*, The National Art Education Association
EATON, Marcia Muelder 1988: *Basic Issues in Aesthetics*, Wadsworth Publishing Company
Encyclopedia of Aesthetics 1-4, Editor in chief Michael Kelly, Oxford University Press 1998
ENZENBERG, Claes 1998: *Metaphor as a Mode of Interpretation*, Uppsala University, Department of Aesthetics
FEATHERSTONE, Mike, 2004: "Automobilities", *Theory, Culture & Society*, Vol. 21(4/5)
FELSHIN, Nina (ed.) 1995:*But is it Art?*, Bay Press
FINKELPEARL, Tom 2001 (2000):*Dialogues in Public Art*, The MIT Press
FRANKENA, William K. 1973: *Ethics*, Prentice-Hall
GAUTIER, Théophile 1892 (1834): *Mademoiselle du Maupin* (nouvelle édition), Bibliothèque Charpentier
GIBSON, James J. 1966:*The Senses Considered as Perceptual Systems*, Houghton Mifflin
—1979: *The Ecological Approach to Visual Perception*, Houghton Mifflin
GODFREY, Tony 1998:*Conceptual Art*, Phaidon Press
GOLDSTEIN, E. Bruce 2002:*Sensation and Perception* (sixth edition), Wadsworth
GOMBRICH, Ernst 1960:*Art and Illusion*, Princeton University Press
—1982: *The Image and the Eye*, Phaidon
GOODMAN, Nelson 1976:*Languages of Art*, The Harvester Press
—1978: *Ways of Worldmaking*, The Harvester Press
—1984: *Of Mind and other Matters*, Harvard University Press
GOODMAN, Russell B. (ed.) 1995:*Pragmatism*, Routledge
GRAYLING, A. C. (ed.) 1995:*Philosophy*, Oxford University Press

—(ed.) 1998: *Philosophy* 2, Oxford University Press

HAAPALA, Arto & NAUKKARINEN, Ossi (eds.) 1999: *Interpretation and Its Boundaries*, Helsinki University Press

HAKURI, Markku 1993: *Hakuri*, Musta taide

HAKURI, Markku and NAUKKARINEN, Ossi 2001: "Professori Markku Hakuri ja ympäristötaiteen haasteet", *Arttu*! 4/2001

HANNULA, Kaija 2002: *Osallistava ympäristötaide ja taidekasvatus*, licentiate thesis, University of Jyväskylä, Department of Art and Culture Studies

HARGROVE, Eugene H. 1996 (1989): *Foundations of Environmental Ethics*, Environmental Ethics Books

HARNI, Pekka 2001: "Kierrätyskaavio", *Muoto* 4/2001

HEIDEGGER, Martin 2002 (1935/1936): "The Origin of the Work of Art", in Martin Heidegger, *Off the Beaten Track*, Edited and Translated by Julian Young and Kenneth Haynes, Cambridge University Press

HERMERÉN, Göran 1984: "Interpretation: Types and Criteria", in Joseph Margolis (ed.), *The Worlds of Art and the World*, Editions Rodopi

HEYD, Thomas 2001: "Aesthetic Appreciation and the Many Stories About Nature", *The British Journal of Aesthetics*, Vol. 41, No. 2/2001

HOOT, James L. And Foster, Margaret L. 1993: "Promoting Ecological Responsibility ... Through the Arts", *Childhood Education*, Vol. 69, No. 3/1993

JOHANSSON, Hanna 2005: *Maataidetta jäljittämässä*, Like

JONES, Caroline A. & GALLISON, Peter (eds.) 1998: *Picturing Science Producing Art*, Routledge

JONES, Susan (ed.) 1992: *Art in Public*, AN Publications

KAKKURI, Juhani 2001: "Mitä tapahtuu, jos mannerjäät sulavat?", *Tieteessä tapahtuu* 7/2001

KANT, Immanuel 1982 (1790): *The Critique of Judgement*, translated with Analytical Indexes by James Creed Meredith, Oxford University Press

KASTNER, Jeffrey & WALLIS, Brian (eds.) 1998: *Land and Environmental Art*, Phaidon Press

KESTER, Grant H. 2004: *Conversation Pieces*, University of California Press

KOPOMAA, Timo 2000: *Kännykkäyhteiskunnan synty*, Gaudeamus

KORHOLA, Atte 2007: "Ilmastonmuutoksesta liikkuu liikaa myyttejä", *Helsingin Sanomat* 4. 2. 2007

KOSUTH, Joseph 1990 (1969): "Art After Philosophy", (partly) in Charles Harrison and Paul Wood (eds.), *Art in Theory 1900-1990*, Blackwell

KRAUSS, Rosalind 1998 (1981): "The Originality of the Avant-Garde", (partly) in Charles Harrison and Paul Wood (eds.), *Art in Theory 1900-1990*, Blackwell

KRESS, Gunther & VAN LEEUWEN, Theo 1996: *Reading Images*, Routledge

KRISTELLER, Paul Oskar 1971 (1951-1952): "The Modern System of the Arts", in Morris Weitz (ed.), *Problems in Aesthetics* (second edition), Macmillan

Kunstforum, Bd. 136, Mai 1997 ("Ästhetik des Reisens")

—Bd. 137, August 1997 ("Atlas der Künstlerreisen")

KWON, Miwon 2004 (2002): *One Place after Another*, The MIT Press

LACY, Suzanne (ed.) 1995: *Mapping the Terrain*, Bay Press

LAKOFF, George and JOHNSON, Mark 1980: *Metaphors We Live By*, The University of Chicago Press

—1999: *Philosophy in the Flesh*, Basic Books

LANGER, Susan 1953: *Feeling and Form*, Routledge & Kegan Paul Limited

LETTENMELER, Michael 2000: "Suomentajan esipuhe", in Friedrich Schmidt-Bleek, *Luonnon uusi laskuoppi*; edited, translated, abridged and prefaced by Michael Lettenmeier, Gaudeamus

LEVINSON, Jerrold 1979: "Defining Art Historically", *The British Journal of Aesthetics*, Vol. 19, No. 3/1979

—(ed.) 1998: *Aesthetics and Ethics*, Cambridge University Press

LIPPARD, Lucy R. 1997: *The Lure of the Local*, The New Press

LOMBORG, Bjørn 2001: *The Skeptical Environmentalist*, Cambridge University Press

LUNKKA, Juha Pekka 2007: "Jääkausien ilmasto", *Tieteessä tapahtuu*, 1/2007

MACINTYRE, Alasdair 1981: *After Virtue*, Duckworth

—1999: *Dependent Rational Animals*, The Paul Carus Lecture Series 20, Open Court

MALKAVAARA, Jarmo 1989: "*Kauneus*" *ja* "*mahti*", Finnish State Printing Centre

MANGUEL, Alberto & GUADALUPI, Gianni 1999: *The Dictionary of Imaginary Places*, updated and revised edition, Bloomsbury

MCCANN, Michael 1979: *Artist Beware*, Watson-Guptill Publications

MCLAREN, Peter 1993: "Border Disputes: Multicultural Narrative, Identity Formation, and Critical Pedagogy in Postmodern America", in Daniel McLaughlin & William G. Tierney (eds.), *Naming Silenced Lives*, Routledge

MEADOWS, Donella, RANDERS, Jorgen & MEADOWS, Dennis 2004: *The Limits to Growth. The 30-year Update*, Chelsea Green Publishing Company

MENAND, Louis 2002 (2001): *The Metaphysical Club*, Flamingo

MERIKALLIO, Katri 2001: "Mahdollisuus edes lapselle", *Suomen Kuvalehti* 31/2001

MITCHELL, W. J. T. 1994: *Picture Theory*, Chicago University Press

MORTENSEN, Preben 1997: *Art in the Social Order*, State University of New York Press

MUL, Jos de 1999 (1990): *Romantic Desire in (Post)modern Art and*

Philosophy, State University of New York Press

MÄKELÄ, Maarit & ROUTARINNE, Sara (eds.) 2007: *The Art of Research*, University of Art and Design Helsinki

NAUKKARINEN, Ossi 1998: *Aesthetics of the Unavoidable*, International Institute of Applied Aesthetics

—2003: "Aesthetics and Homo Mobilis", *Dialogue & Universalism*, Vol. Xlll, 11-12/2003

—2006: *Kulkurin kaleidoskooppi*, Finnish Literature Society

NEWMAN, Michael and BIRD, John (eds.) 1999: *Rewriting Conceptual Art*, Reaktion Books

NIVA, Mari, HEISKANEN, Eva and TIMONEN, Päivi 1996: *Ympäristöinformaatio kuluttajan päätöksenteossa*, Kuluttajatutkimuskeskus, julkaisuja 11/1996

NUSSBAUM, Martha 1995: *Poetic Justice*, Beacon Press

O'CONNOR, Timothy & ROBB, David (eds.) 2003: *Philosophy of Mind*, Routledge

OLIVEIRA, Nicolas de, OXLEY, Nicola & PETRY, Michael 2003: *Installation Art in the New Millennium*, Thames & Hudson

O'MEARA SHEEHAN, Molly 2001: "Making Better Transportation Choices" in Lester R. Brown et al., *State of the World* 2001, W. W. Norton & Company

PHILLIPS, Patricai C. 1995: "Maintenance Activity: Creating a Climate for Change" in Nina Felshin (ed.), *But is it Art?*, Bay Press

ROLANYI, Michel 1969: *Knowing and Being*, edited by Marjorie Grene, The University of Chicage Press

RAFFMAN, Diana 1993: *Language, Music, and Mind*, A Bradford Book, The MIT Press

ROSSI, Leena-Maija 1999: *Taide vallassa*, Kustannus Oy Taide

RUHANEN, Elina 2001: "Lentoasema on Suomen kaikkien aikojen suurin päällystysurakka", *Helsingin Sanomat* 22. 8. 2001

SALONEN, Heli, POHJOLA, Jukka and PRIHA, Eero 1994: *Kuvataiteilijan työsuojeluopas*, Kustannus Oy Taide

SEPPÄLÄ, Matti 2007: " Ilmasto vaihtelee-voidaanko se lailla kieltää?", *Tieteessä tapahtuu* 1/2007

SEPÄNMAA, Yrjö 1993 (1986): *The Beauty of Environment*, Environmental Ethics Books

SIHVOLA, Juha 1998: *Toivon vuosituhat*, Atena-kustannus Oy

SPAID, Sue 2002: *Ecovention*, Greenmuseum. org, The Contemporary Arts Center, Ecoartspace

STECKER, Robert 2005: *Aesthetics and the Philosophy of Art*, Rowman & Littlefield Publishers

SÄÄTELÄ, Simo 1998: *Aesthetics as Grammar*, Uppsala University, Department of Aesthetics

TIBERGHIEN Gills A. 1995 (1993): *Land Art*, English translation Caroline Green, Art Data

URRY, John 2000: *Sociology Beyond Societies*, Routledge

—2003: *Global Complexity*, Polity

VÄLIVERRONEN, Esa 1996: *Ympäristöuhkan anatomia*, Vastapaino

WALTON, Kendall L. 1990: *Mimesis as Make-Believe*, Harvard University Press

WELSCH, Wolfgang 1997: *Undoing Aesthetics*, translated by Andrew Inkpin, SAGE

WOLFF, Janet 1984 (1981): *The Social Production* of Art, Macmillan Press

WOLLHEIM, Richard 1968: *Art and Its Objects*, Harper & Row

WULF, Christoph, KAMPER, Dietmar and GUMBRECHT, Hans Ulrich (eds.) 1994: *Ethik der Ästhetik*, Akademie Verlage

YANAL, Robert J. 1999: *Paradoxes of Emotion and Fiction*, Pennsylvania State University Press

Ympäristösanasto-ympäristöalan keskeiset käsitteet ja termit, TSK 27, The Finnish Terminology Centre TSK and Gummerus 1998

图片授权

（英文版页码　授权人或者机构）

pp. 2-3, 6, 12, 15, 29, 31, 68-69, 83, 130 and front cover: Markku Hakuri

p. 21: Yves Klein Archives, © ADAGP, Paris

p. 25: Jussi Tiainen, collage Aleksi Salokannel

p. 27: Urs-P. Twellman, © VG BILD-KUNST 2007

p. 37: Photogrph of Sirén's work: Leila Lehto/Helsinki Polytechnic Stadia, © KUVASTO 2007, collage Aleksi Salokannel

p. 43: Maaria Wirkkala

p. 48: Hisao Suzuki / NUAA Archivo Fotografico de Hisao Suzki, © VG BILD-KUNST 2007

p. 49: Jussi Tiainen, © KUVASTO 2007

p. 52: Sakari Tanhua, © KUVASTO 2007

p. 58: Aleksi Salokannel, © KUVASTO 2007

p. 59: Helsinki City Art Museum, © KUVASTO 2007

p. 60: HA Schult / Museum fur Aktionskunst. Photographer: Stefan Moses

p. 61: Photo Courtesy Leo Castelli Gallery, © KUVASTO 2007

p. 62: Helsinki City Art Museum

p. 63: Helsinki city construction office / Tuulikki Rautio, © KUVASTO 2007

p. 65: Arman Studio, © KUVASTO 2007

p. 67: Finnish National Gallery Central Art Archives, © KUVASTO 2007

p. 71: Topi Ikäläinen, © KUVASTO 2007

p. 72: Museokuva, © KUVASTO 2007

p. 73: Timo Jerkku / WAM (Ice Veil), Hannu Huttu (Silent People)

pp. 88-89: Pekka Harni

p. 112: Wyatt McSpadden

p. 113: Jaakko Himanen

p. 117: Georg Dietzler

p. 133: Timo Peltonen

人 名 索 引

(汉译人名　英文版人名　英文版页码)